Giovani Glaucio de Oliveira Costa

Estatística Aplicada à Educação com Abordagem além da Análise Descritiva

Volume 2

Teoria e Prática Indutiva

Estatística Aplicada à Educação com Abordagem além da Análise Descritiva -
Volume 2 – Teoria e Prática Indutiva
Copyright© Editora Ciência Moderna Ltda., 2015

Todos os direitos para a língua portuguesa reservados pela EDITORA CIÊNCIA MODERNA LTDA.
De acordo com a Lei 9.610, de 19/2/1998, nenhuma parte deste livro poderá ser reproduzida, transmitida e gravada, por qualquer meio eletrônico, mecânico, por fotocópia e outros, sem a prévia autorização, por escrito, da Editora.

Editor: Paulo André P. Marques
Produção Editorial: Aline Vieira Marques
Capa: Daniel Jara
Diagramação: Daniel Jara
Copidesque: Ana Cristina Andrade
Assistente Editorial: Dilene Sandes Pessanha

Várias **Marcas Registradas** aparecem no decorrer deste livro. Mais do que simplesmente listar esses nomes e informar quem possui seus direitos de exploração, ou ainda imprimir os logotipos das mesmas, o editor declara estar utilizando tais nomes apenas para fins editoriais, em benefício exclusivo do dono da Marca Registrada, sem intenção de infringir as regras de sua utilização. Qualquer semelhança em nomes próprios e acontecimentos será mera coincidência.

FICHA CATALOGRÁFICA

COSTA, Giovani Glaucio de Oliveira.

Estatística Aplicada à Educação com Abordagem além da Análise Descritiva – Volume 2 – Teoria e Prática Indutiva

Rio de Janeiro: Editora Ciência Moderna Ltda., 2015.

1. Matemática 2. Estatística Matemática
I — Título

ISBN: 978-85-399-0682-6

CDD 510
519.5

Editora Ciência Moderna Ltda.
R. Alice Figueiredo, 46 – Riachuelo
Rio de Janeiro, RJ – Brasil   CEP: 20.950-150
Tel: (21) 2201-6662/ Fax: (21) 2201-6896
E-MAIL: LCM@LCM.COM.BR
WWW.LCM.COM.BR

06/15

À minha mãezinha querida, Oneida Barreto de Campos Costa; aos meus irmãos, amigos e companheiros André Luiz de Oliveira Costa e Andréa Viviane de Oliveira Costa; à minha afilhadinha e sobrinha amada, Juliana Paula Costa Lima; e à Editora Ciência Moderna, pela confiança que depositou em meu trabalho.

Prefácio

Cotidianamente, grande parte das pessoas observa a educação formal como algo que se faz na sala de aula. Já no âmbito dos cursos de formação de professores, os estudos são em quase cem por cento voltados para o campo das humanidades, em virtude das dimensões teóricas e práticas que os estudantes têm que adquirir para trabalhar em escolas e outros espaços educacionais, lotados de indivíduos com características distintas, culturas e trajetórias de vida específicas. Porém, a educação formal não é construída somente na sala de aula. Ela é fruto do complexo desenvolvimento de um país, sendo uma de suas principais políticas públicas. Portanto, não é objeto somente do campo das ciências humanas, mas também de outros campos de conhecimento que nos forneçam insumos para aprimorar nossos sistemas educativos. A proposta deste livro deve ser levada em conta, sobretudo, neste sentido.

Como política pública essencial para o desenvolvimento da nação, a educação e os estudos sobre esta são objetos de vários profissionais. Não só professores de todos os níveis e modalidades, formados especificamente nas áreas ligadas ao ensino e às disciplinas específicas, mas também administradores públicos, economistas, policy makers e funcionários da educação em geral. Tais profissionais, principalmente aqueles que atuam nas dimensões do diagnóstico e planejamento para os sistemas educativos, têm na estatística uma grande aliada. Sabemos, entretanto, das resistências aos conhecimentos estatísticos, que podem parecer distantes da formação e tradição de muitos profissionais que atuam nos sistemas educacionais do país. Apresentar a estatística de forma aplicada ao fenômeno educacional é uma grande contribuição para que cada vez mais profissionais a usem com ferramenta em seu trabalho. Neste sentido, o autor deste livro, o professor doutor Giovani Glaucio vem nos brindar com uma publicação que visa nos aproximar do campo, mantendo um diálogo mais direto com a educação e simplificando o que pode parecer hermético a aqueles que não tiveram formação específica no campo das ciências exatas.

Por isso mesmo, em um momento em que as políticas governamentais apresentam-nos cada vez mais a necessidade em cumprirmos metas qualitativas, em articulação com dados quantitativos, esta publicação contribui para que reflitamos sobre o caráter específico dos conhecimentos estatísticos para políticas públicas prioritárias. Esta obra nos ajuda nesta tarefa, fornecendo métodos inferenciais que nos dirijam a conclusões que se sobreponham a dados obtidos inicialmente, e os revelem em maior profundidade, demonstrando como ocorrem sub-repticiamente comportamentos gerais, nos quais possamos interferir criando programas e metodologias para atingir as metas e objetivos educacionais traçados nacionalmente.

Gabriela Rizo
Prof. Associada IM-UFRRJ
Planejamento e Avaliação de Instituições Educativas

Apresentação

Entendo que a Estatística deve ser ensinada, em certos cursos, não como simples extensão do programa de matemática, como ocorre frequentemente entre nós, mas como disciplina, método, ou mesmo ciência, com campo próprio de ação.

Com tal convicção, procurei organizar um programa que fosse capaz de dar ao estudante que se inicia nos cursos de educação e lencenciaturas, conhecimentos e habilidades fundamentais que precisará utilizar em sua vida profissional, sem prescindir do oferecimento de conteúdo ao educador que pretende avançar no campo da pesquisa quantitativa e realizar análises estatísticas mais avançadas, que vão além da análise descritiva.

À estudantes de graduação, como por exemplo, aos de licenciaturas e pedagogias, ele oferece o conteúdo de que necessitarão no exercício da profissão, com estatística descritiva, como administradores escolares, coordenadores de ensino, orientadores educacionais e docentes.

Haverá cursos, principalmente os que situam na área da pesquisa educacional, em nível de especialização, mestrado ou até mesmo doutorado, nos quais os alunos deverão prosseguir no estudo da matéria, ampliando e aprofundando sua capacidade de produzir, interpretar, analisar, relatar, resumir, exibir e comunicar teorias e leis educacionais, esta obra vai além da análise descritiva e apresenta conceitos de probabilidades, inferência estatística, correlação e regressão linear.

Tal programa foi vivenciado quando lecionei no antigo curso normal no Colégio Atlas em Irajá no Rio de Janeiro, ainda fazendo a graduação em estatística na Universidade do Estado do Rio de Janeiro, realizando pós-graduação, especialização, em pedagogia (orientação educacional), na Faculdades de Humanidades Pedro II e, principalmente, ensinando a disciplina de Estatística Aplicada à Educação, na Universidade Federal Rural do Rio de

Janeiro, Instituto Multidisciplinar, em Nova Iguaçu, na Baixada Fluminense, no Rio de Janeiro. A motivação que percebi nos alunos, com o material didático que apresentei na disciplina, me animou a produzir esta obra.

Este livro foi escrito para o aluno. Nele, figuram muitos exercícios resolvidos e teoria com muito pouco formalismo e introduz realmente o educador na aplicação do ferramental estatístico na pesquisa educacional.

Considerando o nível do curso que pretendo apresentar, básico, preliminar, resolveu adotar uma simbologia instrumental, para não dificultar a memorização das fórmulas, embora eu seja favorável que o aluno antes de qualquer memorização, saiba o objetivo de aplicação de cada fórmula, sua interpretação e seu cálculo.

Julguei oportuno considerar, em um curso básico de estatística, algumas informações sobre conceitos de estatística, variáveis e classificações, amostragem, fases do método estatístico, séries estatísticas, números relativos, gráficos estatísticos, distribuições de freqüência, tabelas de contingência e suas medidas de associação, medidas de tendência central, medidas de posição, medidas de dispersão, medidas assimetria e curtose, probabilidades, inferência estatística e correlação e regressão linear. As técnicas apresentadas estão dividas em dois grandes grupos: às aplicadas à administração escolar e às aplicadas no tratamento estatístico de testes/ provas e pesquisas de novas teorias educacionais.

No final do livro, apresento anexos, com regras de arredondamento de dados, normas de representação tabular, construção de distribuições de freqüência por classes e a tabelas estatísticas pertinentes.

Talvez, o uso constante da matemática assuste alguns alunos da educação. Eu compreendo que a estatística tem sido considerada uma ciência que promove a exclusão social, em virtude de sua ainda rígida forma de trabalho nos bancos escolares. No entanto, ainda assim, não posso concordar que, de maneira definitiva, ela sentencie a população à completa ignorância, como se só a alguns fosse permitida sua apropriação.

Apresentação • IX

Pensando nisso, esforcei-me para que esse livro tornasse a estatística (e a matemática) acessível a todos, explicando fundamentos, apresentando fórmulas e metodologias apropriadas e expondo as resoluções de todas as atividades propostas, tudo isso porque, o que nos interessa são análises consistentes que levem à melhoria de nossas ações.

Gostaria muito de contar com a ajuda de todos os leitores, alunos e colegas para avaliação crítica positiva deste exemplar, de modo que possamos evoluir em qualidade, superando os erros e aperfeiçoando os acertos. Será muito gratificante para mim se meu livro tiver sido de alguma forma útil para o leitor, nem que tenha sido em somente um parágrafo e/ou uma página. Entretanto, espero de verdade que ele seja relevante em todo o seu conteúdo. Obrigado a todos e boa leitura.

O Autor
giovaniglaucio@ufrrj.br

Sumário

Capítulo 1
O Tratamento Estatístico de Testes e Provas
Medidas de Posição 1
Aplicação das Medidas de Posição da Educação 1
Classificação de alunos pelas Medidas de Posição: Escala para
Testes Iniciais ou Provas de Reajustamento................................ 3
Escala de Notas-conceito: Técnica dos Quartis............................ 4
Quartis (Q_i) 4
Escala de Notas Decis e Percentis.. 13
Decis (D_i) 13
Percentis (P_i) 18
Atividades Propostas 23

Capítulo 2
Medidas de Tendência Central 37
Aplicação das Medidas de Tendência Central na Educação 37
Conceito e Tipos de Medidas de Tendência Central 38
Média... 38
Mediana 41
Uso das Medidas de Tendência Central.................................... 48
Atividades Propostas 49

Capítulo 3
Medidas de Variabilidade.................................... 57
Aplicação das Medidas de Variabilidade na Educação 57
Tipos de Medidas de Variabilidade.. 59
Medidas do Tipo Amplitude.. 60
Amplitude Semi-interquartílica 61
Medidas do Tipo Desvio 63
Variância (S^2) 63
Desvio-padrão em uma Distribuição de Frequência Simples.......... 66
Desvio-padrão em uma Distribuição de Frequência por Classes 67
Coeficiente de Variação (CV) ou Desvio-padrão Relativo.............68

XII • Estatística Aplicada à Educação com Abordagem além da Análise Descritiva

Utilização do Coeficiente de Variação na Escolha da Melhor
Medida de Tendência Central da Série em Educação: A Média ou
a Mediana..72
Atividades Propostas 73

Capítulo 4
Medida de Assimetria 85

Aplicação das Medidas de Assimetria na Educação........................85
Importância da Curva Normal 86
Assimetria ou Distorção (As) 86
Tipos de Assimetria..86
Assimetria Positiva 87
Assimetria Negativa 88
Curva Simétrica ou Curva Normal..90
Coeficiente de Assimetria 92
Atividades Propostas 99

Capítulo 5
Medidas de Curtose.. 107

Aplicação da Medida de Curtose na Educação...........................107
Coeficiente de Curtose 109
Diferenças de Curva Normal Original e Curva Normal Padrão ..115
Distribuições Normais com Diferentes Médias e Desvios-padrão 116
Descrição de Resultados de Testes e Provas 117
Atividades Propostas 118

Capítulo 6
Escala de Notas Baseada no Desvio-Padrão..........127

Esquema Básico de uma Prova...127
Perfis de Provas..128
Classificação do Aluno 130
Escala de Notas para Provas Finais 131
Metodologia da Construção da Escala de Notas-Padrão.............132
Atividades Propostas 138

Sumário • XIII

Capítulo 7
Probabilidades 145
Aplicação de Probabilidades na Educação 145
Fenômeno Aleatório 145
Cálculo das Probabilidades 146
Espaço Amostral (S) 146
Eventos 147
Probabilidade 147
Fórmula Clássica do Cálculo da Probabilidade 147
Eventos Complementares 151
Eventos Independentes 153
Regra do Produto para Eventos Independentes 153
Eventos Mutuamente Exclusivos 154
Variáveis Aleatórias 156
Distribuição de Probabilidades 156
Distribuição Binomial 158
Probabilidade Binomial 159
Distribuição Normal 161
Aplicações da Distribuição Normal 162
Características da Distribuição Normal 163
Atividades Propostas 168

Capítulo 8
Inferência Estatística 179
Aplicação da Inferência Estatística na Educação 179
Estatística Inferencial 179
Divisão da Inferência Estatística 180
Tipos de Estimação 182
Estimação Pontual 182
Estimação por Intervalo 182
Conceito de Intervalos de Confiança 187
Confiança e Nível de Significância 188
Expressão dos Intervalos de Confiança 188
Intervalo de Confiança para a Média μ, quando σ é conhecido 188
Intervalo de Confiança para a Média μ, quando σ é Desconhecido,
mas o Tamanho da Amostra é Grande, $n \geq 30$ 189

Conceito de Testes de Significância...191
Raciocínio de Testes de Significância 192
Técnicas de Realização de Testes de Significância 194
Teste de Significância Utilizando o Intervalo de Confiança 195
Conceito de Valor-p 196
Cálculo do Valor-p...196
Utilizando o Valor-p para Testar μ, quando σ é conhecido 197
Utilizando o Valor-p para Testar μ, quando σ é Desconhecido,
mas n≥30 200
Teste para a Proporção Populacional π (n ≥ 30) 201
Teste do Qui-quadrado 202
Erro do Tipo I, do Tipo II e Potência do Teste 204
Atividades Propostas 205

Capítulo 9
Correlação e Regressão Linear Simples 223
Correlação de *Pearson* 223
Expressão do Coeficiente de Correlação................................224
Diagrama de Dispersão...225
Regressão Linear:...232
Conceito de Regressão Linear Simples 232
Finalidades da Análise de Regressão Linear Simples 233
Variável Independente (X) 233
Variável Dependente (Y) 233
Interpretação da Reta de Regressão....................................233
Reta de Regressão Estimada 233
Atividades Propostas 238

Bibliografia **251**
Anexos **255**

Capítulo 1

O Tratamento Estatístico de Testes e Provas - Medidas de Posição

Aplicação das Medidas de Posição da Educação

É uma preocupação comum de profissionais da educação uma medida regional única dos resultados da aprendizagem nas escolas sob sua responsabilidade. Eles têm observado que as provas iniciais, bem como as provas finais, elaboradas particularmente em cada escola, se, por um lado, têm a vantagem da descentralização, têm acarretado, por outro lado, sérias dificuldades de comparação e uniformização de procedimentos, com consequências desastrosas, que têm desafiado a sua administração. Isso porque as provas são muito diferentes de escola para escola e também o critério de organização, correção e classificação. Uma técnica pertinente nestes contextos é construir uma escala de conceito adimensional, baseada nas medidas de posição.

Exemplo 1:

O resultado é que a nota 3,0, reprovação em uma escola de menor condescendência, pode resultar em aprovação ou recuperação em outra escola.

A diferença de critérios refletirá, ainda, na classificação do aluno se ele for transferido.

Exemplo 2:

A nota 7,6 em uma escola de critérios mais elásticos equivale a 6,5 ou mesmo 6,0 em outra escola de maior critério.

Consequentemente, se o aluno for transferido da primeira para a segunda escola, o aluno seria classificado como ótimo na primeira, enquanto, na segunda, seria bom. Em caso de transferência do aluno, seu tipo e sua nota não corresponderão a seu real desempenho. O mesmo disparate acontece com os testes iniciais e as provas de reajustamento da 1ª série do ensino fundamental.

Fica assim patenteada a impropriedade da classificação feita a partir de critérios individuais de escola. A situação ideal é a organização de testes iniciais ou provas parciais e finais para uma comunidade de escolas: prova única para o município ou prova única para todas as escolas da coordenadoria ou mesmo de toda rede estadual de ensino.

Exemplo:

Em cada escola os conteúdos programáticos das provas das disciplinas seriam adaptados, porém a técnica de elaboração, correção e escala dos tipos de questões, número de itens e escala de notas para classificação seriam comuns.

A prova única para uma comunidade-município, coordenadoria ou secretaria estadual apresenta uma série de vantagens:

- Evita a falha de classificação e aprovação como já demonstramos;
- As comunidades seguiriam orientações didáticas e administrativas idênticas, o que recomendaria uma medida final também idêntica, em critérios de elaboração, aplicação, correção e escala de notas;
- Vantagem econômica de tempo, esforço e dinheiro, uma vez que apenas uma pequena equipe se encarregaria da elaboração da prova.

Aplicada a prova única, os resultados seriam sumarizados em uma distribuição de frequência por classes, a fim de possibilitar as análises.

Conforme ficou evidenciado, a distribuição de frequência é usada para diagnóstico do rendimento de grupo de alunos, como também constitui a primeira fase do tratamento estatístico de provas e testes, visando à construção de uma escala de notas. Isso é válido tanto para tratamento estatístico de provas mensais, parciais e finais, quanto para o tratamento estatístico de testes iniciais ou exames vestibulares.

Capítulo 1 O Tratamento Estatístico de Testes e Provas - Medidas de Posição • 3

Todas as técnicas expostas até aqui aplicam-se, indistintamente, a esses dois tipos de medida: testes e provas. Todavia, as técnicas que passamos a expor serão agora específicas para cada natureza de avaliação: uma será própria para testes ou provas de classificação (para etapas de seleção classificatórias) e outra para provas mensais, finais e parciais.

A diferenciação de tratamento deve-se à própria finalidade da medida que resultou na distribuição de frequência.

No primeiro caso (teste inicial ou de seleção ou classificatório), a medida foi feita visando à classificação de alunos no concurso, portanto tem em mira medir a posição do aluno no grupo a que pertence: aqui a técnica estatística apropriada é *medida de posição*.

No segundo caso – prova parcial e final –, a medida visa aprovar ou reprovar o aluno, segundo uma escala de notas que varia de zero a dez: aqui a técnica estatística própria será notas baseadas na *tendência central – média – e na variabilidade – desvio-padrão*.

Observação:

Muitas das vezes uma prova de seleção em concursos é de natureza eliminatória, utilizada como uma primeira fase numa seleção de candidatos a um curso, série ou cargo. Neste caso, um aluno será aprovado ou reprovado para a fase seguinte, onde então será classificado ou não à vaga. Assim, cabe-se aplicar a este tipo de prova também a técnica estatística baseada na *tendência central – média – e na variabilidade – desvio-padrão*.

Portanto, em provas de seleção, a técnica estatística adequada será também em função da natureza da etapa a que ela foi aplicada: eliminatória ou classificatória.

Classificação de alunos pelas Medidas de Posição: Escala para Testes Iniciais ou Provas de Reajustamento

Para classificar segundo a posição na distribuição de frequência, usamos a técnica denominada *quartis, decis e percentis*, cujos conceitos envolvem o sentido de quartos, décimos e centésimos, respectivamente. Assim, os quartis dividem a distribuição de frequência em frações de quartos, enquanto os decis a dividem em décimos e os percentis, em centésimos.

Temos assim, para escolher, três modos de fazer a classificação, segundo a posição do aluno na distribuição de frequência: a técnica dos quartis nos dará 4 categorias para classificar; a técnica dos decis nos dará 10 categorias para classificação e a técnica dos percentis nos dará 100 categorias para classificação.

Escala de Notas-conceito: Técnica dos *Quartis*

Os testes iniciais, exames de seleção ou admissão e provas de classificação para organização de turmas devem ser tratadas estatisticamente, resultando em **escala de notas**. Se se desejam 4 notas-conceito, a técnica estatística apropriada para construção da escala é a dos quartis.

A escala resultará no seguinte esquema básico:

Escala de Notas-conceito pelos *Quartis*

Notas-conceito	Pontos
PÉSSIMO	Até Q_1
FRACO	$(Q_1 + 0,1)$ até Q_2
BOM	$(Q_2 + 0,1)$ até Q_3
ÓTIMO	Acima de $(Q_3 + 0,1)$

Para a construção da escala, torna-se imprescindível o cálculo dos valores Q_3, Q_2 e Q_1 a partir da distribuição de frequência acumulada. Vamos aprender, então, a técnica dos quartis.

Quartis (Q_i)

São medidas que dividem um conjunto de dados, uma distribuição, em 4 partes iguais.

Há, portanto, 3 *quartis*.

Capítulo 1   O Tratamento Estatístico de Testes e Provas - Medidas de Posição   •   **5**

- Q_1 *(1° quartil) – é o valor situado de tal modo na série que 25% dos dados são menores ou iguais a ele, e 75% são maiores que ele.*
- Q_2 *(2° quartil) – é o valor situado de tal modo na série que 50% dos dados são menores ou iguais a ele e 50% são maiores.*
- Q_3 *(3° quartil) – são valores situados de tal forma na série que 75% dos dados são menores ou iguais a ele e 25% são maiores.*

Cálculo dos Quartis para Dados Não Agrupados:

Quando os dados não estão agrupados, para determinar os quartis, usamos uma regra de três que irá nos indicar a posição do elemento no conjunto de dados. Da seguinte forma:

100% dos dados -------------------- n
Porcentagem da separatriz ------------------- EQ_i

Onde:

n = número de elementos do conjunto de dados;
EQ_i = posição do quartil i no ROL.

Exemplo:

1) Calcular o 1° quartil e o 3° quartil do número de reprovações em 15 turmas de inglês instrumental de uma universidade no fim de um semestre.

Número de Reprovações
1
2
5
2
2
2
1
2
4
2
2
4
2
1
4

Solução:

Rol:

Número de Reprovações
1
1
1
2
2
2
2
2
2
2
2
4
4
4
5

Cálculo do 1º Quartil:

```
100% ------------- 15
25% ------------ EQ₁
```

$EQ_1 = (25 .15)/100 \triangleright EQ_1 = 3,75$. Como não existe a posição 3,75, então se aproxima para o valor inteiro superior, $EQ_1 = 4$.

$Q_1 = 2$ **reprovações**

Cálculo do 3º Quartil:

```
100% ------------- 15
75% ------------ EQ₃
```

$EQ_3 = (75 .15)/100 \triangleright EQ_3 = 11,25$. Como não existe a posição 11,25, então se aproxima para o valor inteiro superior, $EQ_3 = 12$:

$Q_3 = 4$ **reprovações**

Cálculo dos Quartis para Dados Agrupados em uma Distribuição de Frequência Simples

Neste caso, basta seguir o mesmo algoritmo usado para localizar a mediana, trocando o elemento mediano pelo elemento quartílico correspondente:

Elemento Quartílico:

$$EQ_i = \frac{i \cdot n}{4}$$

Exemplo:

A tabela a seguir representa a idade de 60 alunos de um curso noturno de uma escola. Calcule o 1º e o 3º quartis da série.

Idades dos Alunos	Quantidade de Alunos
15	3
17	7
18	10
19	20
20	10
22	6
24	4
Total	60

Solução:

Quadro de Cálculo:

Idades dos Alunos (X_i)	Quantidade (F_i)	FAC
15	3	3
17	7	10
18	10	20
19	20	40
20	10	50
22	6	56
24	4	60
Total	60	—

Cálculo do Q_1:

$EQ_1 = (1 \times 60) / 4 = 15$

Q_1 = **18 anos**

Cálculo do Q_3:

$EQ_3 = (3 \times 60) / 4 = 45$

Q_1 = **20 anos**

Capítulo 1 O Tratamento Estatístico de Testes e Provas - Medidas de Posição **• 9**

Cálculo dos Quartis para Dados Agrupados em Classe:

Quando os dados estão agrupados em classe, para determinar os *quartis* temos *que seguir as seguintes etapas*:

1ª Etapa:

Calcular as frequências acumuladas da distribuição de frequência e localizar a classe onde está posicionado o *quartil* em cálculo, através do EQ_i, elemento quartílico, que é a ordem do *quartil* em questão, que é dado pela fórmula:

$$EQ_i = \frac{i \cdot n}{4} \ 1, 2 \text{ ou } 3.$$

onde i é o número de ordem dos *quartis*.

A classe da posição do *quartil* em cálculo será aquela em que o elemento quartílico do referido *quartil* é menor ou igual a sua frequência acumulada.

2ª Etapa:

Após localizarmos a classe do *quartil* em cálculo, deveremos calcular o quartil referido propriamente dito pela fórmula:

$$Q_i = l_i + h \left[\frac{EQ_i - {}'Fac}{f_{EQi}} \right]$$

Onde:

Q_i = *quartil em cálculo.*
l_i = *limite inferior da classe do quartil em cálculo.*
h = intervalo de classe.
EQ_i = elemento quartílico.
'Fac = frequência acumulada anterior à classe do quartil em cálculo.
f_{EQi} = *frequência simples da classe do quartl em cálculo.*

Exemplo:

Supondo que a seleção é classificatória, vamos realizar a construção da escala de notas-conceito para as notas da prova de seleção ao ensino alfabetização da Escola X.

Distribuição de Frequência por Classes das Notas da Prova de Seleção ao Ensino Alfabetização da Escola X

Classes de Notas	Frequências	Frequências Acumuladas (FAC$_i$)
0 ⊢— 2	2	2
2 ⊢— 4	3	5
4 ⊢— 6	10	15
6 ⊢— 8	3	18
8 ⊢—⊣ 10	2	20
Total	**20**	—

Cálculo do Q$_1$:

1ª fase:

$$EQ_i = \frac{1 \cdot 20}{4} = 5$$

A classe do Q$_1$ é a **segunda classe** porque 5 (EQ$_1$) é igual a 5 (frequência acumulada desta classe).

2ª Fase:

$$Q_i = 2 + 2\left[\frac{5-2}{3}\right] = 4,0$$

Capítulo 1 O Tratamento Estatístico de Testes e Provas – Medidas de Posição • 11

Cálculo do Q_2:

1ª fase:

$$EQ_i = \frac{2 \cdot 20}{4} = 10$$

A classe do Q_2 é a **terceira classe** porque 10 (EQ_2) é menor do que 15 (frequência acumulada desta classe).

2ª Fase:

$$Q_2 = 4 + 2 \left[\frac{10 - 5}{10} \right] = 5,0$$

Cálculo do Q_3:

1ª fase:

$$EQ_3 = \frac{3 \cdot 20}{4} = 15$$

A classe do Q_3 é a **quarta classe** porque 15 (EQ_3) é menor do 18 (frequência acumulada desta classe).

2ª Fase:

$$Q_3 = 6 + 2 \left[\frac{15 - 15}{3} \right] = 6,0$$

Calculados os três valores, Q_1, Q_2 e Q_3, temos os dados necessários para a construção da escala de notas–conceito:

Escala de Notas-conceito pelos Quartis
Classes das Notas da Prova de Seleção ao Ensino Alfabetização da Escola X

Notas-conceito	Pontos
PÉSSIMO	Até 4,0
FRACO	4,1 até 5,0
BOM	5,1 até 6,0
ÓTIMO	Acima de 6,1

Através da escala acima podemos classificar cientificamente os alunos e compreender que o tipo ótimo é aquele que ultrapassou pelo menos 75% dos colegas; o tipo bom está acima da média, pois ultrapassou de 50 a 74% dos colegas; o tipo fraco está abaixo da média, tendo ultrapassado apenas de 25 a 49% dos casos, e finalmente o tipo péssimo está na 4ª parte inferior da distribuição de frequência, tendo ultrapassado apenas de 1 a 24% dos casos.

Após a classificação por conceito, deverá ser construída uma escala de notas numéricas com grande quantidade de categorias, de forma a possibilitar maior discriminação entre os alunos. É patente que a escala de quartis é mais grosseira, embora válida e útil como primeira fase do estudo analítico da prova. A escala de quartis é grosseira porque engloba, na mesma categoria, resultados significativamente diferentes.

Exemplo 1:

A escala de pontos dada, por exemplo, classifica como ótimo um aluno que obteve 6,5, tendo também essa classificação um aluno que obteve 9,5.

Exemplo 2:

Buscando outro exemplo no tipo "péssimo", verificamos que um aluno com nota 4,0 é péssimo, porém com melhor desenvolvimento que outro que tirou nota 0.

Capítulo 1 O Tratamento Estatístico de Testes e Provas – Medidas de Posição • **13**

Escala de Notas *Decis* e *Percentis*

A classificação por conceitos, através da escala de quartis, é de bastante valia na organização de turmas, porém deverá ser completada com uma escala de dez notas – *decis* – ou de cem notas – *percentis*. Para ilustrar, vamos construir uma escala de decis e outra de percentis de 20 notas.

Decis (D_i)

São medidas que dividem um conjunto de dados, uma distribuição, em 10 partes iguais.

Há, portanto, 9 *decis*:

- D_1 *(1° decil) – é o valor situado de tal modo na série que 10% dos dados são menores ou iguais a ele, e 90% são maiores.*
- D_2 *(2° decil) – é o valor situado de tal modo na série que 20% dos dados são menores ou iguais a ele e 80% são maiores.*
- *E assim sucessivamente até:*

As fases para o cálculo dos *decis* são análogas ao cálculo dos *quartis*.

Vamos, então, construir a escala de *decis* vendo o nosso exemplo das notas da prova de seleção ao ensino alfabetização da Escola X.

Exemplo:

Supondo que a seleção se constitui em uma única etapa, vamos realizar a construção da escala de *decis* para as notas inicias da prova de seleção ao ensino alfabetização da Escola X.

Distribuição de Frequência por Classes das Notas da Prova de Seleção ao Ensino Alfabetização da Escola X

Classes de Notas	Frequências	Frequências Acumuladas (FAC$_i$)
0 ⊢— 2	2	2
2 ⊢— 4	3	5
4 ⊢— 6	10	15
6 ⊢— 8	3	18
8 ⊢—⊣ 10	2	20
Total	**20**	—

Cálculo dos *Decis*:

Cálculo do D$_1$:

1ª fase:

$$ED_1 = \frac{1 \cdot 20}{10} = 5$$

2ª Fase:

$$D_1 = 0 + 2\left[\frac{2-0}{2}\right] = 2,0$$

Cálculo do D$_2$:

1ª fase:

$$ED_2 = \frac{2.20}{10} = 4$$

Capítulo 1 O Tratamento Estatístico de Testes e Provas – Medidas de Posição • **15**

2ª Fase:

$$D_2 = 2 + 2\left[\frac{4-2}{3}\right] = 3,3$$

Cálculo do D_3:

1ª fase:

$$ED_3 = \frac{3.20}{10} = 6$$

2ª Fase:

$$D_3 = 4 + 2\left[\frac{6-5}{10}\right] = 4,2$$

Cálculo do D_4:

1ª fase:

$$ED_4 = \frac{4.20}{10} = 8$$

2ª Fase:

$$D_4 = 4 + 2\left[\frac{8-5}{10}\right] = 4,6$$

Cálculo do D_5:

1ª fase:

$$ED_5 = \frac{5.20}{10} = 10$$

2ª Fase:

$$D_5 = 4 + 2\left[\frac{10-5}{10}\right] = 5,0$$

Cálculo do D_6:

1ª fase:

$$ED_6 = \frac{6.20}{10} = 12$$

2ª Fase:

$$D_6 = 4 + 2\left[\frac{12-5}{10}\right] = 5,4$$

Cálculo do D_7:

1ª fase:

$$ED_7 = \frac{7.20}{10} = 14$$

2ª Fase:

$$D_7 = 4 + 2\left[\frac{14-5}{10}\right] = 5,8$$

Cálculo do D_8:

1ª fase:

$$ED_8 = \frac{8.20}{10} = 16$$

2ª Fase:

$$D_8 = 6 + 2\left[\frac{16-15}{3}\right] = 6,7$$

Cálculo do D_9:

1ª fase:

$$ED_9 = \frac{9.20}{10} = 18$$

2ª Fase:

$$D_9 = 6 + 2\left[\frac{18-15}{3}\right] = 8,0$$

A Escala de *dicis* é a seguinte:

Escala de Notas – *Decis*

Notas	Pontos
1	Até D_1
2	$(D_1+0,1)$ até D_2
3	$(D_2+0,1)$ até D_3
4	$(D_3+0,1)$ até D_4
5	$(D_4+0,1)$ até D_5
6	$(D_5+0,1)$ até D_6
7	$(D_6+0,1)$ até D_7
8	$(D_7+0,1)$ até D_8
9	$(D_8+0,1)$ até D_9
10	Acima de $(D_9 + 0,1)$

Cada candidato vai receber uma nota da escala para fins de classificação na seleção, de acordo com sua nota na prova inicial (ponto).

Aplicando a escala ao nosso exemplo, temos:

Escala Notas – *Decis*

Classes das Notas da Prova de Seleção ao Ensino Alfabetização da Escola X

Notas	Pontos
1	Até 2,0
2	2,1 até 3,3
3	3,4 até 4,2
4	4,3 até 4,6
5	4,7 até 5,0
6	5,1 até 5,4
7	5,5 até 5,8
8	5,9 até 6,7
9	6,8 até 8,0
10	Acima de 8,1

Percentis (P_i)

São medidas que dividem um conjunto de dados, uma distribuição, em 100 partes iguais.

Há, portanto, 99 percentis.

- P_1 *(1° percentil) – é o valor situado de tal modo na série que 1% dos dados é menor ou igual a ele, e 99% são maiores.*
- P_2 *(2° percentil) – é o valor situado de tal modo na série que 2% dos dados são menores ou iguais a ele e 98% são maiores.*

E assim sucessivamente até:

- P_{99} *(99° percentil) – são valores situados de tal forma na série que 99% dos dados são menores ou iguais a ele e 1% é maior.*

As fases para o cálculo dos *percentis* são análogas às do cálculo dos *quartis* e decis.

Capítulo 1 O Tratamento Estatístico de Testes e Provas - Medidas de Posição • **19**

Observação:

O P_{10} equivale ao D_1, uma vez que $10/100=1/10$. Da mesma forma há equivalência entre D_2 e P_{20}, D_3 e P_{30} etc. D_9 e P_{90}. Também o $Q_1=P_{25}$, bem como o $Q_2=P_{50}$ e, ainda, $Q_3=P_{75}$.

Vamos, então, construir a escala de *percentis* vendo o nosso exemplo das notas da prova de seleção ao ensino alfabetização da Escola X.

Exemplo:

Supondo que a seleção se constitui em uma única etapa, vamos realizar a construção da escala de *decis* para as notas inicias da prova de seleção ao ensino alfabetização da Escola X.

Distribuição de Frequência por Classes das Notas da Prova de Seleção ao Ensino Alfabetização da Escola X

Classes de Notas	Frequências	Frequências Acumuladas (FAC$_i$)
0 ⊢——— 2	2	2
2 ⊢——— 4	3	5
4 ⊢——— 6	10	15
6 ⊢——— 8	3	18
8 ⊢———⊣ 10	2	20
Total	**20**	—

Calculando pela fórmula própria os 19 percentis (P_5, P_{10}, P_{15},..., P_{90}, P_{95}) necessários para a escala de 20 notas, teremos os seguintes valores:

Cálculo dos *Percentis*:

Cálculo do P$_5$:

1ª fase:

$$EP_5 = \frac{5.20}{100} = 1$$

2ª Fase:

$$P_5 = 0 + 2\left[\frac{1-0}{2}\right] = 1,0$$

Cálculo do P$_{10}$:

1ª fase:

$$EP_{10} = \frac{10.20}{100} = 2$$

2ª Fase:

$$P_{10} = 0 + 2\left[\frac{2-0}{2}\right] = 2,0$$

Cálculo do P$_{15}$:

1ª fase:

$$EP_5 = \frac{15.20}{100} = 3$$

2ª Fase:

$$P_{15} = 2 + 2\left[\frac{3-2}{3}\right] = 2,7$$

Capítulo 1 O Tratamento Estatístico de Testes e Provas – Medidas de Posição • **21**

Seguindo o mesmo raciocínio de cálculo, seguem os valores dos outros percentis:

$P_{20}=3,3$; $P_{25}=4,0$; $P_{30}=4,2$; $P_{35}=4,4$; $P_{40}=4,6$; $P_{45}=4,8$; $P_{50}=5,0$; $P_{55}=5,2$; $P_{60}=5,4$; $P_{65}=5,6$; $P_{70}=5,8$; $P_{75}=6,0$; $P_{80}=6,7$; $P_{85}=7,3$; $P_{90}=8,0$; $P_{95}=9,0$.

Com os 19 percentis calculados, levantaremos uma escala de 20 notas bem mais discriminativa do que as duas anteriores.

A Escala de *percentis* é a seguinte:

Escala de Notas – *Percentis*

Notas	Pontos	Conceitos
5	Até P_5	
10	$(P_5+0,1)$ até P_{10}	
15	$(P_{10}+0,1)$ até P_{15}	Inferior
20	$(P_{15}+0,1)$ até P_{20}	
25	$(P_{20}+0,1)$ até P_{25}	
30	$(P_{25}+0,1)$ até P_{30}	
35	$(P_{30}+0,1)$ até P_{35}	
40	$(P_{35}+0,1)$ até P_{40}	Médio
45	$(P_{40}+0,1)$ até D_{45}	Inferior
50	$(P_{45}+0,1)$ até P_{50}	
55	$(P_{50}+0,1)$ até P_{55}	
60	$(P_{55}+0,1)$ até P_{60}	
65	$(P_{60}+0,1)$ até P_{65}	Médio
70	$(P_{65}+0,1)$ até P_{70}	Superior
75	$(P_{70}+0,1)$ até P_{75}	
80	$(P_{75}+0,1)$ até P_{80}	
85	$(P_{80}+0,1)$ até P_{85}	
90	$(P_{85}+0,1)$ até P_{90}	Superior
95	$(P_{90}+0,1)$ até P_{95}	
100	Acima de $(P_{95}+0,1)$	

Assim, candidatos com pontuação muito comum ou semelhante recebem o mesmo conceito ou nota-conceito na seleção, refletindo, assim, o mesmo desempenho.

Aplicando a escala de percentis ao nosso exemplo, temos:

Escala Notas – *Percentis*

Classes das Notas da Prova de Seleção ao Ensino Alfabetização da Escola X

Escala de Notas – *Percentis*

Notas	Pontos
5	Até 1,0
10	1,1 até 2,0
15	2,1 até 2,7
20	2,8 até 3,3
25	3,4 até 4,0
30	4,1 até 4,2
35	4,3 até 4,4
40	4,5 até 4,6
45	4,7 até 4,8
50	4,9 até 5,0
55	5,1 até 5,2
60	5,3 até 5,4
65	5,5 até 5,6
70	5,6 até 5,8
75	5,9 até 6,0
80	6,1 até 6,7
85	6,8 até 7,3
90	7,4 até 8,0
95	8,1 até 9,0
100	Acima de 9,1

Capítulo 1 O Tratamento Estatístico de Testes e Provas - Medidas de Posição • **23**

Atividades Propostas

1) Os dados a seguir representam as notas dos alunos de uma turma na disciplina de geografia. Calcule o primeiro e o terceiro quartis e interprete esses resultados.

7,0	5,0	7,0	7,5	8,0
8,0	6,0	7,0	8,0	8,0
9,0	9,0	7,5	9,0	8,5
5,0	8,0	3,5	9,0	7,0
7,0	7,5	2,5	9,5	7,5
9,0	7,5	6,0	6,0	7,5
10,0	8,0	6,0	6,0	7,0
9,5	4,5	7,0	6,0	9,0
9,5	5,5	7,5	6,0	9,0
8,0	6,5	7,5	6,0	9,0

Solução:

Rol:

2,5	6,0	7,0	8,0	9,0
3,5	6,0	7,0	8,0	9,0
4,5	6,0	7,5	8,0	9,0
5,0	6,0	7,5	8,0	9,0
5,0	6,5	7,5	8,0	9,0
5,5	7,0	7,5	8,0	9,0
6,0	7,0	7,5	8,0	9,5
6,0	7,0	7,5	8,5	9,5
6,0	7,0	7,5	9,0	9,5
6,0	7,0	7,5	9,0	10,0

Cálculo do 1º Quartil:

100% -------------- 50
25% ------------- EQ_1

$EQ_1 = (25 . 50)/100$ Þ $EQ_1 = 12,5$. Como não existe a posição 12,5, então se aproxima para o valor inteiro superior, $\mathbf{EQ_1 = 13}$.

$Q_1 = \mathbf{6,0}$

Interpretação:

25% dos alunos tiraram 6,0 ou menos na disciplina de geografia nesta turma.

Cálculo do 3º Quartil:

100% ------------- 15
75% ------------ EQ_3

$EQ_3 = (75 .50)/100$ Þ $EQ_3 = 37,5$. Como não existe a posição 37,5, então se aproxima para o valor inteiro superior, $\mathbf{EQ_3 = 38}$:

$Q_3 = \mathbf{8,5}$

Interpretação:

75% dos alunos tiraram 8,5 ou menos na disciplina de geografia nesta turma.

2) Uma pesquisa investigou o número de candidatos inscritos em um concurso estadual para professor em 100 cidades do referido estado. Calcule o primeiro quartil, o terceito quartil, o décimo percentil e o nonagésimo percentil.

Candidatos Inscritos	Cidades
800	20
1024	30
1280	35
1440	10
1920	5
Total	**100**

Capítulo 1 O Tratamento Estatístico de Testes e Provas - Medidas de Posição • 25

Solução:

Quadro de Cálculo

Candidatos Inscritos	Cidades	FAC_i
800	20	20
1024	30	50
1280	35	85
1440	10	95
1920	5	100
Total	**100**	—

Solução:

$EQ_1 = (1 \times 100) / 4 = 25$
$Q_1 = $ **1024 candidatos**
$EQ_3 = (3 \times 100) / 4 = 75$
$Q_3 = $ **1280 candidatos**
$EP_{10} = (10 \times 100) / 100 = 10$
$P_{10} = 800$ **candidatos**
$EP_{90} = (90 \times 100) / 100 = 90$
$P_{90} = $ **1440 candidatos**

3) Um supervisor educacional notou, em um período de observação de 30 dias corridos, quantos e-mails por dia dois estagiários enviavam a amigos e empresas. Os resultados da pesquisa encontram-se na tabela a seguir. Calcule o primeiro quartil, o terceito quartil, o décimo percentil e o nonagésimo percentil das séries. Compare os dois estagiários quanto ao envio de *e-mails*.

Caixa Postal do Estagiário A

E-mails Enviados	Quantidade de dias
0	5
1	3
2	2
3	10
4	5
5	5
Total	**30**

Caixa Postal do Estagiário B

E-mails Enviados	Quantidade de dias
0	2
1	8
2	10
3	8
4	1
5	1
Total	**30**

Solução:

Quadro de Cálculo da Caixa Postal de A

E-mails Enviados	Quantidade de Dias	FAC
0	5	5
1	3	8
2	2	10
3	10	20
4	5	25
5	5	30
Total	**30**	—

Solução:

$EQ_1 = (1 \times 30) / 4 = 7,5$
$Q_1 =$ **1 e-mail**
$EQ_3 = (3 \times 30) / 4 = 22,5$
$Q_3 =$ **4 e-mails**
$EP_{10} = (10 \times 30) / 100 = 3$
$P_{10} =$ **0 e-mail**
$EP_{90} = (90 \times 30) / 100 = 27$
$P_{90} =$ **5 e-mails**

Quadro de Cálculo da Caixa Postal de B

E-mails Enviados	Quantidade de Dias	FAC
0	2	2
1	8	10
2	10	20
3	8	28
4	1	29
5	1	30
Total	**30**	

Solução:

$EQ_1 = (1 \times 30) / 4 = 7,5$
$Q_1 =$ **1 e-mail**
$EQ_3 = (3 \times 30) / 4 = 22,5$
$Q_3 =$ **3 e-mails**
$EP_{10} = (10 \times 30) / 100 = 3$
$P_{10} =$ **1 e-mail**
$EP_{90} = (90 \times 30) / 100 = 27$
$P_{90} =$ **3 e-mails**

Comparação dos estagiários:

Observando e comparando as medidas de posição do envio de *e-mails* no período de observação dos dois estagiários, constatamos que o estagiário A envia mais e-mails por dia que o estagiário B.

4) O Colégio X vai classificar os candidatos à 1ª série do seu ensino fundamental em quatro conceitos: *ótimo, bom, fraco e péssimo*, usando quartis.

Resultados do Teste de Seleção – Colégio X. Amostra de 140 Candidatos à 1ª Série – 2010.

Pontos	Frequências
18 ⊢——— 20	3
21 ⊢——— 23	5
24 ⊢——— 26	12
27 ⊢——— 29	24
30 ⊢——— 32	41
33 ⊢——— 35	26
36 ⊢——— 38	15
39 ⊢——— 41	10
42 ⊢——— 45	4
Amostra	**140**

Pede-se:

a) Calcule, pelas fórmulas, os valores estatísticos necessários para essa classificação.

b) Construa a tabela de classificação nos conceitos desejados.

c) Classifique um aluno que obteve 28 pontos.

Capítulo 1 O Tratamento Estatístico de Testes e Provas - Medidas de Posição • **29**

Solução:

Quadro de Cálculo
Resultados do Teste de Seleção – Colégio X. Amostra de 140
Candidatos à 1ª Série – 2010.

Pontos	Frequências	FAC
18 ├── 20	3	3
21 ├── 23	5	8
24 ├── 26	12	20
27 ├── 29	24	44
30 ├── 32	41	85
33 ├── 35	26	111
36 ├── 38	15	126
39 ├── 41	10	136
42 ├── 45	4	140
Amostra	**140**	───

a) Calcule, pelas fórmulas, os valores estatísticos necessários para essa classificação.

Cálculo do Q_1:

1ª fase:

$$EQ_1 = \frac{1.140}{4} = 35$$

A classe do Q_1 é a **quarta classe** porque 35 (EQ_1) é menor do que 44 (frequência acumulada desta classe).

2ª Fase:

$$Q_1 = 27 + 3\left[\frac{35-20}{24}\right] = 28,9$$

Cálculo do Q_2:

1ª Fase:

$$EQ_2 = \frac{2.140}{4} = 70$$

A classe do Q_2 é a **quinta classe** porque 70 (EQ_2) é menor do que 85 (frequência acumulada desta classe).

2ª Fase:

$$Q_2 = 30 + 3\left[\frac{70-44}{41}\right] = 31,9$$

Cálculo do Q_3:

1ª Fase:

$$EQ_3 = \frac{3.140}{4} = 105$$

A classe do Q_3 é a **sexta classe** porque 105 (EQ_3) é menor do que 111 (frequência acumulada desta classe).

2ª Fase:

$$Q_3 = 33 + 3\left[\frac{105-85}{26}\right] = 35,3$$

b) Construa a tabela de classificação nos conceitos desejados.

Calculados os três valores – Q_1, Q_2 e Q_3 –, temos os dados necessários para a construção da escala de notas-conceito:

Capítulo 1 O Tratamento Estatístico de Testes e Provas - Medidas de Posição • **31**

Escala de Notas-conceito pelos Quartis

Notas-conceito	Pontos
PÉSSIMO	Até 28,9
FRAC0	28,9 até 31,9
BOM	32,0 até 35,3
ÓTIMO	Acima de 35,4

c) Classifique um aluno que obteve 28 pontos.

É um péssimo aluno segundo a escala.

5) Os resultados de uma prova de seleção ao doutorado em educação de uma universidade encontra-se a seguir. Construa uma escala de notas-decis para classificar os candidatos. Qual a nota-conceito de um candidato que obteve a pontuação 5,6 na prova?

Resultados de uma Prova de Seleção ao Doutorado em Educação de uma Universidade

Classes	F_i
2 ⊢—— 4	4
4 ⊢—— 6	8
6 ⊢—— 8	10
8 ⊢—— 10	6
10 ⊢—— 12	4
Total	32

Solução:

Quadro de Cálculo
Resultados de uma Prova de Seleção ao Doutorado em Educação de uma Universidade

Classes	F_i	FAC
2 ⊢—— 4	4	4
4 ⊢—— 6	8	12
6 ⊢—— 8	10	22
8 ⊢—— 10	6	28
10 ⊢—— 12	4	32
Total	32	——

Cálculo do D_1:

1ª fase:

$$ED_1 = \frac{1.32}{10} = 3,2$$

2ª Fase:

$$D_1 = 2 + 2\left[\frac{3,2 - 0}{4}\right] = 3,6$$

Cálculo do D_2:

1ª fase:

$$ED_2 = \frac{2.32}{10} = 6,4$$

2ª Fase:

$$D_2 = 4 + 2\left[\frac{6,4 - 4}{8}\right] = 4,6$$

Cálculo do D_3:

1ª fase:

$$ED_3 = \frac{3.32}{10} = 9,6$$

2ª Fase:

$$D_3 = 4 + 2\left[\frac{9,6 - 4}{8}\right] = 5,4$$

Cálculo do D_4:

1ª fase:

$$ED_4 = \frac{4.32}{10} = 12,8$$

2ª Fase:

$$D_4 = 6 + 2\left[\frac{12,8 - 12}{10}\right] = 6,2$$

Cálculo do D_5:

1ª fase:

$$ED_5 = \frac{5.32}{10} = 16$$

2ª Fase:

$$D_5 = 6 + 2\left[\frac{16 - 12}{10}\right] = 6,8$$

Cálculo do D_6:

1ª fase:

$$ED_6 = \frac{6.32}{10} = 19,2$$

2ª Fase:

$$D_6 = 6 + 2\left[\frac{19,2 - 12}{10}\right] = 9,4$$

Cálculo do D_7:

1ª fase:

$$ED_7 = \frac{7.32}{10} = 22,4$$

2ª Fase:

$$D_7 = 8 + 2\left[\frac{22,4 - 22}{6}\right] = 8,1$$

Cálculo do D_8:

1ª fase:

$$ED_8 = \frac{8.32}{10} = 25,6$$

2ª Fase:

$$D_8 = 8 + 2\left[\frac{25,6 - 22}{6}\right] = 9,2$$

Capítulo 1 O Tratamento Estatístico de Testes e Provas - Medidas de Posição • **35**

Cálculo do D_9:

1ª fase:

$$ED_9 = \frac{9.32}{10} = 28,8$$

2ª Fase:

$$D_9 = 10 + 2\left[\frac{28-28}{4}\right] = 10,4$$

A Escala de *decis* é a seguinte:

Escala de Notas – *Decis*

Notas	Pontos
1	Até 36,6
2	36,7 até 4,6
3	4,7 até 5,4
4	5,5 até 6,2
5	6,3 até 6,8
6	6,9 até 9,4
7	9,5 até 8,1
8	8,2 até 9,2
9	9,3 até 10,4
10	Acima de 10,5

Qual a nota-conceito de um candidato que obteve a pontuação 5,6 na prova? A sua nota é 4.

6) Tome os resultados de uma prova de seleção e faça o tratamento estatístico dos dados, visando chegar a uma tabela de notas. Escolha a tabela nota-percentil com 20 notas.

Para se chegar ao objetivo proposto:

a) Levante a distribuição de frequência.

b) Calcule os 20 percentis pertinentes.
c) Construa a escala de notas–percentis.

Solução:

Questão com resultados que variam de aluno para aluno.

 *Capítulo 2*

Medidas de Tendência Central

Aplicação das Medidas de Tendência Central na Educação

A descrição de resultados de testes e provas, por meio de uma distribuição de frequência e seus gráficos – polígonos de frequência, histograma ou ogiva –, geralmente não é suficiente. A estatística possui medidas descritivas mais satisfatórias que resumem, de forma bem sucinta, as informações necessárias ao estudo da distribuição de frequência.

Para uma descrição bem informativa, são necessárias quatro medidas diferentes:

- Uma medida de tendência central que informará o nível geral médio do grupo;
- Uma medida de variabilidade que dará notícia da dispersão ou afastamento dos dados em torno do valor central;
- Uma medida de assimetria que refletirá a inclinação ou enviezamento da distribuição de frequência;
- Uma medida de curtose que dirá do achatamento da curva obtida com a distribuição de frequência.

Essas quatro medidas, que se resumirão em apenas quatro números, descreverão uma distribuição de frequência, dispensando gráficos e, até mesmo, a própria tabela de distribuição de frequência, quando se tratar de um relatório final.

Estudaremos a seguir, com detalhes, cada uma dessas quatro medidas, num esforço de aprender a calcular, a interpretar e a escolher, dentre vários processos, qual o mais adequado para determinadas situações.

Conceito e Tipos de Medidas de Tendência Central

As medidas de tendência central são valores que informam o nível geral, ou melhor, o nível médio do grupo que está sendo medido. Uma medida de tendência central procura reduzir todos os valores de um grupo a um único número representativo e nada mais racional que tomar esse valor resumo por um valor médio, central, da distribuição, porque é geralmente no centro que se concentra a maior parte dos dados da série.

São três as medidas que informam o centro da distribuição e que por isso podem representar as séries em que foram calculadas:

- Média;
- Mediana;
- Moda.

Média

Operacionalmente, a média se define como a razão entre o somatório dos valores e o número deles.

A média pode ser calculada pela fórmula:

$$\overline{X} = \frac{\Sigma X}{n}$$

Onde:

$\overline{X}$ = média;
ΣX = somatório das observações;
n = número de observações.

Exemplo 1:

Dado o conjunto de observações referentes a 5 notas de um aluno nas suas disciplinas num período de sua graduação na faculdade: 3, 4, 5, 6, 7, calcule o seu desempenho médio no período.

Logo, para o exemplo a média será:

$$\overline{X} = \frac{25}{5} = 5$$

Exemplo 2:

Calcularemos a média da turma A na prova de matemática:

7	6	7	7	8	9	5	6	7	8
6	7	8	9	4	8	9	5	6	8

Como o conjunto de dados é pequeno, não necessitando, portanto, de uma distribuição de frequência, basta calcular sua média pela fórmula do jeito que apresentamos acima:

$$\overline{X} = \frac{\Sigma X}{n}$$

$$\overline{X} = \frac{140}{20} = 7$$

40 • Estatística Aplicada à Educação com Abordagem além da Análise Descritiva

Exemplo 3:

Os mesmos dados da distribuição do exemplo 2 serão organizados em uma distribuição de frequência simples e daí calcularemos a média.

Notas Obtidas pelos 20 Alunos – Turma A – Matemática

X	F	XF
4	1	4
5	2	10
6	4	24
7	5	35
8	5	40
9	3	27
Total	20	140

Quando os dados estão agrupados em uma distribuição de frequência simples, a média deve ser calculada pela fórmula:

$$\overline{X} = \frac{\Sigma Xf}{n}$$

$$\overline{X} = \frac{140}{20} = 7$$

Exemplo 4:

Comumente, os resultados a tratar já vêm dispostos em uma distribuição de frequência por classes. Assim sendo, cada classe será representada por um único valor, seu ponto médio (x). Como já vimos, o ponto médio é o ponto central da classe, isto é, a média simples dos limites de uma classe.

A fórmula para cálculo da média quando os dados estão numa distribuição de frequência por classes é obtida, então, substituindo os valores originais observados (X) pelos pontos médios das classes (x), e a expressão fica assim:

$$\overline{X} = \frac{\Sigma xf}{n}$$

Vamos calcular a média da distribuição a seguir:

Distribuição de Frequência por Classes
Notas da Prova de Seleção ao Ensino Alfabetização da Escola X

Classes de Notas	F	x	x F
0 ├── 2	2	1	2
2 ├── 4	3	3	9
4 ├── 6	10	5	50
6 ├── 8	3	7	21
8 ├──┤ 10	2	9	18
Total	**20**	—	**100**

$$\overline{X} = \frac{\Sigma xf}{n}$$

$$\overline{X} = \frac{100}{20} = 5,0$$

Mediana

É outro tipo de medida de tendência central, diferindo da média porque é simplesmente um valor que está no centro da distribuição. É, então, o valor que divide a série ao meio.

Portanto, a mediana coincide com o 2° Quartil (Q_2), com o 5° Decil (D_5) e com o percentil 50 (P_{50}), que já estudamos e cujos cálculos já sabemos.

Com dados originais, a localização da mediana (M_e) é fácil. Basta localizar, com os dados em ordem crescente (rol), o valor que ocupa o valor central.

Exemplo 1:

Dado o conjunto de valores referentes a 5 notas de um aluno nas suas disciplinas num período de sua graduação na faculdade: 3, 4, 5, 6, 7, calcule a mediana.

$$\textbf{Rol: } 3, 4, \textbf{5}, 6, 7$$
$$\downarrow$$
$$M_e = \textbf{5}$$

Exemplo 2:

Agora vamos calcular a mediana dos dados referentes às notas de 6 alunos de uma turma de curso de inglês: 7, 5 , 8, 9, 6, 8.

$$\textbf{Rol: } 5, 6, \textbf{7, 8}, 8, 9$$

Temos aí dois valores centrais. Neste caso, a mediana é a média desses dois valores:

$$M_e = (7 + 8)/ 2 = \textbf{7,5}$$

Exemplo 3:

Os dados da distribuição do exemplo 2 serão agora usados para calcular a mediana.

Notas Obtidas pelos 20 Alunos – Turma A – Matemática

X	F	FAC
4	1	1
5	2	3
6	4	7
7	5	12
8	5	17
9	3	20
Total	20	———

Neste exemplo, os dados estão agrupados em uma distribuição de frequência simples. Neste caso, a mediana é localizada imediatamente. Basta calcular as frequências acumuladas da distribuição de frequência e localizar o valor da série onde está posicionada a mediana, através do EM_e, elemento mediano ou lugar da mediana, pela fórmula:

$$EM_e = \frac{n}{2}$$

A mediana será aquele valor na distribuição de frequência em que o elemento mediano (EM_e) é menor ou igual a sua frequência acumulada.

Logo, no exemplo

EM_e = (20/2)= 10 → Me = 7 → porque 10 é menor que a frequência acumulada 17.

Exemplo 4:

Vamos calcular a mediana da distribuição a seguir.

Notas da Prova de Seleção ao Ensino Alfabetização da Escola X

Classes de Notas	F	x	x F
0 ⊢—— 2	2	1	2
2 ⊢—— 4	3	3	9
4 ⊢—— 6	10	5	50
6 ⊢—— 8	3	7	21
8 ⊢——⊣ 10	2	9	18
Total	**20**	**—**	**1000**

Neste caso, a mediana é calculada exatamente da mesma maneira e pela mesma fórmula do Q_2 ou do D_2 ou do P_{50}:

1ª Etapa:

Calcular as frequências acumuladas da distribuição de frequência e localizar a classe onde está posicionado o 2° *quartil*, através do EQ_2, elemento quartílico 2 ou elemento mediano ou lugar da mediana, que é a ordem do 2° *quartil* em questão, que é dado pela fórmula:

$$EQ_2 = \frac{2.n}{4}$$

$$EM_e = \frac{n}{2}$$

A classe da posição do *lugar da mediana* será aquela em que o elemento mediano é menor ou igual a sua frequência acumulada.

2ª Etapa:

Após localizarmos a classe da *mediana*, deveremos calculá-la pela fórmula:

$$Q_i = I_i + h \left[\frac{EQ_i - {}'Fac}{f_{EQi}} \right]$$

Agora, em termos de mediana:

$$M_e = I_i + h \left[\frac{EM_e - {}'Fac}{F_{me}} \right]$$

Onde:

M_e = *mediana.*
l_i = *limite inferior da classe da mediana.*
h = *intervalo de classe.*
EM_e = *elemento mediano ou lugar da mediana.*
'Fac = frequência acumulada anterior à classe da mediana.
F_{me} = *frequência simples da classe da mediana.*

Cálculo do M_e:

1ª fase:

$$EM_e = \frac{20}{2} = 10$$

A classe da M_e é a **terceira classe** porque 10 (EM_e) é menor do que 15 (frequência acumulada desta classe).

2ª Fase:

$$M_e = 4 + 2\left[\frac{10 - 5}{10}\right] = \mathbf{5,0}$$

Repare que o cálculo é igual ao do D_2.

Moda:

Finalmente, o terceiro tipo de medida de tendência central é a moda (M_o), valor mais típico, mais frequente de uma distribuição de frequência.

Se os dados estão desagrupados, a moda pode ser localizada de um relance: a moda será aquele que mais se repete.

Exemplo 1:

Notas de uma turma na prova de ortografia:

$$7, 8, 7, 9, 7, 6, 7, 2, 6, 9$$
$$M_o = \mathbf{7}$$

Se os dados estão agrupados em uma distribuição de frequência simples, a moda é o valor com maior frequência simples.

Exemplo 2:

Vamos dispor os dados do problema citado em uma distribuição de frequência simples e localizar a moda.

Notas de uma turma na prova de ortografia:

X	F
2	1
6	2
7	4 ← Freq. modal
8	1
9	2
Total	10

$$M_o = 7$$

Se os dados estiverem dispostos em uma distribuição de frequência com intervalo de classes, o processo de cálculo da moda segue as fases:

1ª Fase:

Localiza a classe modal: é a classe de maior frequência.

2ª Fase:

Em seguida, calcule a moda pela fórmula:

$$M_0 = l_i + h\left[\frac{fpost}{fant + fpost}\right]$$

Onde:

M_o = moda.
l_i = limite inferior da classe modal.
f.post. = frequência posterior à classe modal.
f.ant. = frequência anterior à classe modal.

Exemplo 3:

Vamos calcular a moda da distribuição a seguir.

Notas da Prova de Seleção ao Ensino Alfabetização da Escola X

Classes de Notas	F
0 ⊢—— 2	2
2 ⊢—— 4	3
4 ⊢—— 6	10 ← **Freq. modal**
6 ⊢—— 8	3
8 ⊢——⊣ 10	2
Total	**20**

1ª Fase:

Localiza a classe modal: é a classe de maior frequência. No nosso exemplo, é a **3ª classe**.

2ª Fase:

Em seguida, calcule a moda pela fórmula:

$$M_0 = l_i + h\left[\frac{fpost}{fant + fpost}\right]$$

$$M_0 = 4 + 2\left[\frac{3}{3+3}\right]$$

$$M_0 = 4 + 2\left[\frac{3}{6}\right]$$

$$M_0 = 4 + 2.0,5 = 4 + 1 = \mathbf{5,0}$$

Uso das Medidas de Tendência Central

Como já vimos, um único valor que represente uma medida de tendência central é suficiente para representar e substituir uma tabela de frequência. Temos três tipos de medidas à escolha. Resta-nos saber qual usar.

Em educação, as mais usadas são a média e a mediana, já que a moda não encontra muita aplicação, senão para dar uma informação rápida, grosseira, da tendência dos dados.

A média é de uso mais frequente do que a mediana, principalmente quando a distribuição dos valores da série é homogênea, tem pouca variabilidade. Quando os dados são muito heterogêneos, a média perde o seu poder de representatividade, uma vez que não fica semelhante com um número satisfatório de valores da série.

Já a mediana é simplesmente o valor central e não sofre influência da dispersão dos valores da distribuição.

Portanto, quando os dados têm alta dispersão, é melhor usar a mediana como medida resumo e substituta dos dados.

Na situação escolar, os testes iniciais ou de vestibular costumam usar a *mediana*, se escalas de *percentis* forem construídas.

Nas provas parciais ou finais, a escolha recairá na *média* que juntamente com outras estatísticas servirão para levantamento de escalas de nota padrão.

Um uso bastante generalizado de medidas de tendência central é na comparação de rendimentos de turmas e escolas.

Exemplo

1º Caso:

Notas de uma turma de um curso de inglês:

$$5, 6, \mathbf{7}, 8, 9$$

$\overline{X} = 7$

$M_e = 7$

Capítulo 2 Medidas de Tendência Central • 49

A média e a mediana têm igual poder de representação, uma vez que os dados são homogêneos e a média não sofreu distorção de alto grau de variação. Como a média é mais conhecida, ela deve ser a escolhida para resumir estes dados.

2º Caso:

Notas de uma turma de um curso de verão de probabilidade e estatística de mestrado:

$$0, 1, \mathbf{7}, 8, 9$$

$$\overline{X} = 5$$

$$M_e = 7$$

A média e a mediana não têm igual poder de representação. A média sofreu influência do aumento do grau de variação da série e ficou menos parecida com um maior número de valores. Já a mediana continuou intacta, sendo assim, neste caso, a melhor medida para redução desses dados.

Atividades Propostas

1) Resultados da prova de português das quatro turmas do ensino fundamental de uma escola. Calcule a média, a mediana e a moda das distribuições a seguir. Qual das séries do primeiro seguimento do ensino fundamental da escola teve o rendimento geral mais satisfatório?

1ª série: 8, 8, 9, 9, 10, 7, 8, 9, 7, 10
2ª série: 5, 6, 7, 6, 5, 5, 6, 7, 6, 7, 7
3ª série: 1, 2, 2, 3, 4, 4, 3, 4, 4, 5, 4
4ª série: 5, 6, 6, 7, 8, 8, 8, 9, 9, 9,9

Solução:

a) 8, 9, 9, 10, 7, 8, 6, 7, 10

Rol: 6, 7, 7, 8, $\boxed{8, 8,}$ 9, 9, 10, 10

$\overline{X} = 8,2$

$M_e = 8,0$

$M_o = 8,0$

b) 6, 7, 6, 5, 5, 6, 7, 6, 7, 8

Rol: 5, 5, 6, 6, $\boxed{6, 6,}$ 7, 7, 7, 8

$\overline{X} = 6,3$

$M_e = 6,0$

$M_o = 6,0$

c) 1, 2, 2, 3, 4, 4, 3, 4, 4, 5

Rol: 1, 2, 2, 3, $\boxed{3, 4,}$ 4, 4, 4, 5

$\overline{X} = 3,2$

$M_e = 3,5$

$M_o = 4,0$

d) 5, 6, 6, 7, 8, 8, 8, 9, 9, 9,9

Rol: 5, 6, 6, 7, 8, **8**, 8, 9, 9, 9, 9

$\overline{X}$ = 7,6

M_e = 8,0

M_o = 9,0

Dos quatro segmentos do ensino fundamental da escola, a série com melhor desempenho em português é a primeira série.

2) Calcule (a) média, (b) mediana e (c) moda da distribuição:

Teste de Raciocínio Aritmético de uma Amostra de 20 Crianças

Notas	Alunos
1	2
2	4
3	8
4	4
5	2
Total	20

Solução:

X	F	XF	FAC
1	2	2	2
2	4	8	6
3	8	24	14
4	4	16	18
5	2	10	20
Total	20	60	—

a) Média

$$\overline{X} = \frac{\Sigma xf}{n}$$

$$\overline{X} = \frac{60}{20} = 3$$

b) Mediana

EMe = (20/2)= 10 → Me = 3 → porque 10 é menor que a frequência acumulada 14.

c) Moda

A classe modal é 8, logo:

Mo = 3

3) Calcule (a) média, (b) mediana e (c) moda da distribuição:

Notas de Satisfação com o Lazer da Escola Y

Classes de Notas	F
0,0 ⊢——— 0,5	2
0,5 ⊢——— 1,0	2
1,0 ⊢——— 1,5	3
1,5 ⊢——— 2,0	4
2,0 ⊢——— 2,5	6
2,5 ⊢——— 3,0	10
3,0 ⊢——— 3,5	5
3,5 ⊢——— 4,0	4
4,0 ⊢——— 4,5	3
4,5 ⊢——— 5,0	1
Total	**40**

Capítulo 2 Medidas de Tendência Central • **53**

Solução:

Quadro de Cálculo
Notas de Satisfação com o Lazer da Escola Y

Classes de Notas	F	x	xF	FAC
0,0 ⊢— 0,5	2	0,25	0,50	2
0,5 ⊢— 1,0	2	0,75	1,50	4
1,0 ⊢— 1,5	3	1,25	3,75	7
1,5 ⊢— 2,0	4	1,75	7,00	11
2,0 ⊢— 2,5	6	2,25	13,50	17
2,5 ⊢— 3,0	10	2,75	27,5	27
3,0 ⊢— 3,5	5	3,25	16,25	32
3,5 ⊢— 4,0	4	3,75	15,00	36
4,0 ⊢— 4,5	3	4,25	12,75	39
4,5 ⊢— 5,0	1	4,75	4,75	40
Total	**40**	—	**102,5**	—

a) Média

$$\overline{X} = \frac{\Sigma xf}{n}$$

$$\overline{X} = \frac{102,5}{40} = \mathbf{2,56}$$

b) Mediana

1ª fase:

$$EM_e = \frac{40}{2} = 20$$

A classe da M_e é a **sexta classe** porque 20 (EM_e) é menor do que 27 (frequência acumulada desta classe).

2ª Fase:

$$M_e = 2,5 + 0,5 \left[\frac{20-17}{10} \right] = \mathbf{2,65}$$

c) Moda

1ª Fase:

Localiza a classe modal: é a classe de maior frequência. No nosso exemplo, é a 6ª classe.

2ª Fase:

Em seguida, calcule a moda pela fórmula:

$$M_o = li + h \left[\frac{fpost}{fant + fpost} \right]$$

$$M_o = 2,5 + 0,5 \left[\frac{5}{6+5} \right]$$

$$M_o = 2,5 + 0,5 \left[\frac{5}{11} \right]$$

$$M_o = 2,5 + 0,5.0,45 = 4 + 1 = 2,73$$

4) A comissão organizadora de um vestibular registra o tempo de realização da prova de redação de 625 candidatos à carreira do magistério. Isso se encontra na tabela a seguir. Calcule a média, a mediana e a moda.

Tempo de Realização da prova de Redação (em minutos)	Número de Candidatos
0 ⊢── 5	105
5 ⊢── 10	231
10 ⊢── 15	173
15 ⊢── 20	85
20 ⊢── 25	31
Total	**625**

Solução:

a) $\overline{X} = 6342,5 \backslash 625 = $ **10 min**

b) $EM_e = (625+1)/2 = 313$

$M_e = 5 + 5[\,(313-105)\backslash 231] = $ **10 min**

c) $M_o = 5 + 5[\,(173)\backslash(105+173)] = $ **8 min**

5) A distribuição de frequência a seguir representa o número de *novas tecnologias* usadas por 50 escolas. Calcule as medidas de tendência central para redução dos dados.

Número de *Blogs* Usados em uma Amostra de 50 Escolas

Número de Novas Tecnologias Usadas	Quantidade de Escolas
10	10
20	8
30	25
40	2
50	5
Total	**50**

Solução:

Quadro de Cálculo
Número de Novas Tecnologias Usadas em uma Amostra de 50 Escolas

Número de Novas Tecnologias Usadas	Quantidade de Escolas	$X_I F_I$	FAC
10	10	100	10
20	8	160	18
30	25	750	43
40	2	80	45
50	5	250	50
Total	**50**	**1340**	—

$$\overline{X} = \frac{1340}{50} = 27 \text{ novas tecnologias}$$

$EM_e = (50)/2 = 25 \rightarrow M_e = 30$ novas tecnologias

$M_o = 30$ novas tecnologias

# Capítulo 3

Medidas de Variabilidade

Aplicação das Medidas de Variabilidade na Educação

Para descrever estatisticamente um conjunto de dados, uma medida de tendência central não é suficiente. É preciso, ainda, informar outra dimensão do fenômeno que diagnostique a forma da distribuição de frequência, ou seja, a concentração ou dispersão dos dados. Temos necessidade de outra estatística: uma *medida de variabilidade*.

As *medidas de variabilidade* se caracterizam por medirem as diferenças entre os valores de uma distribuição, o que implica que tais medidas refletem as diferenças individuais e também grupais. Isso significa que elas informam sobre o grau de heterogeneidade do grupo.

Frequentemente são realizadas pesquisas educacionais, sociais, psicológicas e outras visando à comparação de graus de heterogeneidade de grupos. Seria uma impropriedade dizer graus de homogeneidade em se tratando de fenômenos sociais, uma vez que cada ser humano é único, sempre diferente do outro, em alguma característica, resultando grupos sociais sempre heterogêneos, com variações de graus: alguns grupos são "menos heterogêneos" do que outros e não "mais homogêneos", como se ouve comumente.

Por mais que se tente homogeneizar grupos, o que se faz, na realidade, é diminuir o grau de heterogeneidade da variável em evidência. Como consequência, pode ocorrer o aumento da heterogeneidade em outra variável no mesmo.

Exemplo:

Na escola, quando se pretende organizar turmas menos heterogêneas em português, pode acontecer que, por outro lado, essas turmas fiquem mais heterogêneas em matemática.

Comumente, procura-se diminuir a heterogeneidade da turma pela média geral. Entretanto, a aprendizagem se processa, na sala de aula, por matérias, podendo ocorrer, então, que uma turma seja bem mais heterogênea em uma matéria do que em outra.

Os estudos das diferenças grupais por meio do grau de heterogeneidade visam ao diagnóstico do comportamento do grupo, a fim de orientar o professor quanto ao tratamento a dispensar à turma. A dinâmica de uma sala de aula vai variar conforme o grau de heterogeneidade. Em turma muito heterogênea, as aulas expositivas ou conferências têm pequeno proveito, uma vez que aí a classe é tratada como um todo compacto, quando, na realidade, essa turma é um todo disperso. Uma classe assim exige trabalho de pequenos grupos, onde os alunos mais fracos se misturam com os mais fortes e, na dinâmica do trabalho de turma, um aluno ajuda na aprendizagem de outros.

A palavra "heterogeneidade" ainda guarda um resquício pejorativo, dominante em vários anos anteriores, quando a turma era centrada no professor, que era o conferencista por excelência. Com a evolução da filosofia da educação, que colocou a escola centrada no aluno, houve uma explosão de tecnologias de ensino e de aprendizagem, resultando em uma variedade de métodos e técnicas que possibilitam um máximo de aprendizagem obtida em grupos bastante heterogêneos. Por essa razão, para a grande maioria dos trabalhos escolares, não se usa mais forçar uma "homogeneização", para facilitar o trabalho do professor. Uma turma heterogênea não é uma turma ruim: é uma turma normal, como são normais também outros agrupamentos sociais heterogêneos, como, por exemplo, uma família.

Uma família é um grupo heterogêneo em vários aspectos e é onde se processa uma grande parte das aprendizagens da vida humana.

A estatística faz apenas o diagnóstico do grau de heterogeneidade. E o faz para informar ao professor inteligente que estudará a melhor maneira de manipular sua turma.

Capítulo 3 Medidas de Variabilidade • **59**

Em capítulo anterior, estudamos uma técnica estatística que revela o nível geral demonstrado pelo grupo medido: as medidas de tendência central. Nenhuma informação foi obtida do grau de heterogeneidade da turma, ou seja, da dispersão dos resultados em torno desse nível geral. Quando interpretamos polígonos de frequência e ogivas, abordamos o fenômeno estudado em duas dimensões: comparamos pelo gráfico o nível geral das turmas e, também, pudemos extrair daí uma notícia sobre a dispersão.

Primeiramente, comparamos o nível geral das turmas pela posição da figura no plano das coordenadas cartesianas: quanto mais a área da figura ocupasse o plano à esquerda, em direção ao ponto da origem da escala de pontos, pior seria o nível de rendimento da turma. Posteriormente, comparamos a dispersão ou variabilidade pela forma da figura: quanto mais compacta, ou seja, mais estreita a faixa na escala ocupada pela figura, menos dispersão, portanto, menor heterogeneidade.

A estatística descreve fenômenos através da geometria e da aritmética. No primeiro caso, temos os gráficos que tornam o fenômeno de mais fácil percepção, uma vez que são processos visuais que fazem o fenômeno "entrar pelos olhos". O mesmo fenômeno poderá ser representado aritmeticamente. Neste capítulo, iremos estudar um processo aritmético para calcular variabilidade.

A teoria diz que o valor de uma medida de variabilidade deve informar o quanto, em média, uma observação da série se difere de outra, especificamente. Portanto, uma medida de variabilidade é uma quantidade média que representa todas as combinações de diferenças de um elemento de outro da série.

Tipos de Medidas de Variabilidade

De modo geral podemos classificar as medidas de variabilidade em dois grandes grupos:

• Medidas do tipo amplitude;
• Medidas do tipo desvio.

Medidas do Tipo Amplitude

As medidas de variabilidade do tipo amplitude informam sobre a distância ou amplitude de um ponto a outro na escala. Nesse grupo enquadramos:

Amplitude Total, ou simplesmente amplitude (A);
Amplitude Semi-interquartílica (Q).

Amplitude Total:

Operacionalmente, podemos definir a amplitude como um índice de dispersão em termos de diferença entre o valor máximo e o mínimo obtido.

É um índice bastante simples, podendo ser calculado de um relance. Consequentemente, é bastante grosseiro, porque se baseia apenas em dois pontos da escala, e ainda em dois extremos que, geralmente, são menos frequentes, ignorando totalmente a distribuição entre esses dois pontos.

Portanto, toma como valor médio para representar as diferenças entre os valores da série justamente pela diferença menos representativa.

Quando necessitamos de uma informação ligeira da variabilidade, recorremos à amplitude. Anteriormente, ao interpretarmos a variabilidade pelos polígonos, usávamos, implicitamente, a amplitude quando observávamos o início (valor mínimo) e o fim do gráfico (valor máximo).

Exemplo 1:

Notas da prova de uma turma de um curso de inglês:

$$0, 7, 8, 8, 9, 7, 10$$

$$A = X_{max} - X_{min}$$
$$A = 10 - 0 = 10$$

Interpretação: em média um aluno diferiu do outro, em termos de nota na prova de inglês, de 10 pontos.

Exemplo 2:

Demonstraremos, agora, a utilidade da amplitude (A) na descrição de grupos em duas dimensões: rendimento e grau de heterogeneidade.

Resultado da Prova de Português

Turmas	Descrição	
	Média (Xbarra)	Variabilidade (A)
A	8,0	1,0
B	8,0	3,0

Interpretação: Na prova de Português, as duas turmas são equivalentes em rendimento, revelado pela média 8,0. Já em variabilidade, medida através da amplitude, verificamos que a turma B (A= 3,0) é mais heterogênea do que a turma A.

Amplitude Semi-interquartílica:

A amplitude semi-interquartílica (Q) é um índice de dispersão que expressa a metade da distância entre dois extremos: o Q_3 e o Q_1.

A sua fórmula é então:

$$Q = \frac{Q_3 - Q_1}{2}$$

Onde:

Q = amplitude semi-interquartílica;
Q_3 = 3º quartil;
Q_1 = 1º quartil.

Exemplo 1:

Em uma distribuição de frequência de notas da prova de química do primeiro bimestre de uma turma, temos:

$Q_3 = 4,1$

$Q_1 = 1,5$

Logo, o valor da amplitude semi-interquartílica para a série é:

$$Q = \frac{Q_3 - Q_1}{2}$$

$$Q = \frac{4,1 - 1,5}{2} = 1,3$$

Interpretação: em média, uma nota de química desta turma se difere de uma outra de 1,3 pontos.

Quando se descrevem resultados, empregando como medida de tendência central a mediana, usa-se como variabilidade a amplitude semi-interquartílica.

Exemplo 2:

Resultados do Teste Inicial de Duas Turmas do Colégio X

Turmas	Descrição	
	Mediana (Me)	Variabilidade (Q)
X	6,5	1,5
Y	6,0	0,8

Interpretação: As duas turmas do Colégio X são equivalentes quanto ao nível apresentado no teste no teste inicial: M_e=6,5 e 6,0. Entretanto, sua variabilidade é bastante diversa. A Tuma Y tem menor grau de heterogeneidade (Q = 0,8), portanto são menores as diferenças individuais nesta turma.

A amplitude semi-interquartílica é menos grosseira do que a amplitude porque usa dois valores menos extremos (Q_1 e Q_3). Entretanto, tem ainda a limitação de usar apenas dois valores, no seu cálculo.

As medidas de variabilidade do tipo desvio não têm essa limitação, uma vez que seu cálculo envolve todos os valores da distribuição. Tais medidas consideram a distância (ou desvio) de cada valor com relação à média. Isso porque, se esses desvios, em média, se comportam de maneira homogênea, é porque os dados que o originaram são homogêneos também. Em sentido inverso, se esses desvios, em média, se comportam de maneira heterogênea, é porque os dados que o originaram são heterogêneos também. Esta lógica segue uma propriedade intrínseca da média: *quando os valores da série são homogêneos, a média fica semelhante a eles e quando os valores da série são heterogêneos a média fica diferente deles.*

Medidas do Tipo Desvio:

Nesse grupo enquadramos:

- Variância (S^2);
- Desvio-padrão (S).

Variância (S^2):

Operacionalmente, para calcular a variância, calculamos a média da distribuição, em seguida calculamos a diferença de cada valor da série dessa média, elevamos cada valor da diferença calculada ao quadrado e tiramos a média destes desvios ao quadrado. Esta média é a variância dos dados.

Os desvios em relação à média são elevados ao quadrado para simplificar operações algébricas posteriores.

Exemplo 1:

Voltemos às notas da prova de inglês de uma turma de um curso de inglês:

$$0, 7, 8, 8, 9, 7, 10$$

1º) Cálculo da média da série:

$$\bar{X} = (\, 0 + 7 + 8 + 8 + 9 + 7 + 10\,) \,/\, 7 = (49)/7 = 7$$

2º) Cálculo da diferença de cada valor da série da média:

$(0-7) = -7$
$(7-7) = 0$
$(8-7) = 1$
$(8-7) = 1$
$(9-7) = 2$
$(7-7) = 0$
$(10-7) = 3$

3º) Elevar cada valor da diferença calculada ao quadrado:

$$(-7)^2;\ (0)^2;\ (1)^2;\ (1)^2;\ (2)^2;\ (0)^2;\ (3)^2$$

$$49;\ 0;\ 1;\ 1;\ 4;\ 0.\ 9$$

4º) Tirar média destes desvios ao quadrado:

$$S^2 = \frac{49 + 0 + 1 + 1 + 4 + 0 + 9}{7} = (64)/7 \approx 9$$

Portanto, podemos definir a variância como a *média dos quadrados dos desvios:*

$$S^2 = \frac{\Sigma\left(X - \overline{X}\right)^2}{n}$$

A variância é uma medida de variabilidade matematicamente perfeita, mas só é usada largamente em pesquisas mais complexas. Para as ilustrações que estamos fazendo neste livro, ela não tem utilidade, de vez que não é um valor em unidade igual à escala original. Seu valor representa o quadrado da unidade original, portanto, exige uma interpretação em termos de área e não como distância linear, ao longo da escala de pontos.

Resta-nos, assim, extrair a raiz quadrada da variância para retornar à mesma unidade de escala original e obter o melhor índice de variabilidade: o desvio-padrão (S). Evidencia-se, portanto, que o desvio-padrão é a raiz quadrada da variância. Em uma definição mais operativa, o desvio-padrão é a raiz quadrada da média dos desvios ao quadrado:

$$S = \sqrt{\frac{\Sigma\left(X - \overline{X}\right)^2}{n}}$$

Exemplo 1:

Voltemos às notas da prova de inglês de uma turma de um curso de inglês:

$$0, 7, 8, 8, 9, 7, 10$$

O desvio-padrão será:

$$S = \sqrt{9} = \mathbf{3}$$

Interpretação: Em média, um aluno diferiu de outro em 3 pontos em nota na prova de inglês. Este valor um tanto alto foi puxado pelos extremos 0 e 10.

Em se tratando da medida de variabilidade por excelência, vamos agora estudar mais dois exemplos de seu cálculo.

Desvio-padrão em uma Distribuição de Frequência Simples:

Neste caso, a fórmula do desvio-padrão deverá ser um pouco ajustada para servir à nova disposição dos dados, ficando:

$$S = \sqrt{\frac{\Sigma x^2 f - \frac{(\Sigma xf)^2}{n}}{n}}$$

Exemplo:

Notas Obtidas pelos 20 Alunos – Turma A – Matemática

X	f	Xf	X²f
4	1	4	16
5	2	10	50
6	4	24	144
7	5	35	245
8	5	40	320
9	3	27	243
Total	20	140	1018

Aplicando a fórmula:

$$S = \sqrt{\frac{\Sigma x^2 f - \frac{(\Sigma xf)^2}{n}}{n}}$$

$$S = \sqrt{\frac{1018 - \frac{(140)^2}{20}}{20}}$$

$$S = \sqrt{\dfrac{1018 - \dfrac{19600}{20}}{20}}$$

$$S = \sqrt{\dfrac{1018 - 980}{20}}$$

$$S = \sqrt{38/20} = \sqrt{1,9} = \mathbf{1,4}$$

Desvio-padrão em uma Distribuição de Frequência por Classes:

Neste caso, a fórmula do desvio-padrão da distribuição de frequência por classe usa **x** (ponto médio) em vez de **X** (valores originais), ficando algebricamente:

$$S = \sqrt{\dfrac{\Sigma x^2 f - \dfrac{(\Sigma xf)^2}{n}}{n}}$$

Exemplo:

Vamos calcular o desvio-padrão da distribuição a seguir.

Notas da Prova de Seleção ao Ensino Alfabetização da Escola X

Classes de Notas	F	x	x F	x^2F
0 ⊢——— 2	2	1	2	2
2 ⊢——— 4	3	3	9	27
4 ⊢——— 6	10	5	50	250
6 ⊢——— 8	3	7	21	147
8 ⊢———⊣ 10	2	9	18	162
Total	20	—	100	588

Aplicando a fórmula:

$$S = \sqrt{\dfrac{\Sigma x^2 f - \dfrac{\left(\Sigma xf\right)^2}{n}}{n}}$$

$$S = \sqrt{\dfrac{588 - \dfrac{\left(100\right)^2}{20}}{20}}$$

$$S = \sqrt{\dfrac{588 - \dfrac{10000}{20}}{20}}$$

$$S = \sqrt{\dfrac{588 - 500}{20}}$$

$$S = \sqrt{88/20} = \sqrt{4,4} = \mathbf{2,1}$$

Coeficiente de Variação (CV) ou Desvio-padrão Relativo

Na estatística descritiva, o desvio-padrão por si só tem grandes limitações. Assim, um desvio-padrão de 2 unidades pode ser considerado pequeno para uma série de valores cujo valor médio é 200; no entanto, se a média for igual a 20, por exemplo, o desvio de 2 unidades torna-se representativo.

Além disso, como o desvio-padrão é expresso na mesma unidade dos dados, não é possível aplicá-lo na comparação de duas ou mais séries de valores expressas em unidades diferentes.

Para suprir essa limitação, podemos caracterizar a dispersão ou variabilidade dos dados em termos relativos a seu valor médio, medida essa denominada **CV**.

Coeficiente de Variação de *Pearson*

Seu resultado não é da mesma grandeza da escala (p. ex.: kg, cm, ton etc...), ao contrário, é o resultado que expressa em porcentagem a fração que o desvio-padrão é da média.

Esse coeficiente é dado pela razão entre o desvio-padrão e a média referentes a dados de uma mesma série:

$$CV = \frac{S}{\overline{X}}.100$$

Tem-se que:

$CV \leq 15\%$, baixa dispersão (dados homogêneos);
$15\% < CV \leq 30\%$, média dispersão;
$CV > 30\%$, alta dispersão (dados muito heterogêneos).

As medidas de variabilidade que vimos, anteriormente, somente são comparáveis quando se referem a uma mesma escala de medidas, com a mesma unidade, e, ainda, quando os grupos têm médias não muito diferentes.

Exemplo:

- Não tem sentido comparar a variabilidade de crianças, em altura e peso, usando o desvio-padrão. Isto porque as escalas são de unidades diferentes: altura, em centímetros; peso, em gramas;
- Não tem sentido comparar desvios-padrão de adultos e crianças ou grupos essencialmente diferentes, embora a unidade de escala seja a mesma em um teste de inteligência.

Para esses casos em que são diferentes as medidas em comparação ou os grupos, usa-se o coeficiente de variação.

Exemplo 1:

Fornecidos a média 51 kg e o desvio-padrão 6,14 kg dos dados de peso de 20 alunos de educação física de uma escola, encontre o coeficiente de variação.

Logo,

$$CV = \frac{6,14}{51} \times 100\% = 12,04\% \text{ baixa dispersão.}$$

Exemplo 2:

Aplicação do coeficiente de variação na comparação de grupos que têm médias diferentes, mas o mesmo desvio-padrão.

Sejam duas séries, em que se tenha, respectivamente:

$\bar{x}_1 = 700$ mm e $S_1 = 20$ mm;

$\bar{x}_2 = 100$ mm e $S_2 = 20$ mm.

Calcule os CV de cada uma das séries.

$$CV_1 = \frac{20}{700} \times 100\% = 2,85\% \text{ , baixa dispersão.}$$

$$CV_2 = \frac{20}{100} \times 100\% = 20\% \text{ , média dispersão.}$$

Exemplo 3:

Aplicação do coeficiente de variação na comparação de grupos diferentes: 1ª, 2ª e 3ª séries.

Resultado da Prova de Português das 3 Primeiras Séries do Ensino Fundamental do Colégio X

Séries	Média $\overline{X}$	S	CV
1ª Série	8,0	2,0	25%
2ª Série	7,5	1,5	20%
3ª Série	9,0	6,0	66%

Interpretação: A 3ª série apresenta uma variabilidade relativa bastante elevada. A turma é, portanto, mais dispersa (CV=66%), mais heterogênea. Por outro lado, a 2ª série tem menor grau de heterogeneidade, com coeficiente de variação de 20%.

Exemplo 4:

Aplicação do coeficiente de variação na comparação de resultados de um mesmo grupo ou grupos semelhantes, porém com escalas de medidas diferentes.

Resultado da Prova das Provas de Português e Matemática da 3ª Série – Turma A

Séries	Média $\overline{X}$	S	CV
Português	8,0	4,0	50,00%
Matemática	3,5	1,0	28,57%

Interpretação: Pelos dados da tabela, comparando a variabilidade por meio do coeficiente de variação, verifica-se que a turma A da 3ª série é mais heterogênea em Português (*CV*= **50,00%**) do que em Matemática.

Observação:

Tendo em vista sua capacidade de comparar diferentes distribuições, o CV pode ser aplicado para avaliar resultados de trabalhos que envolvem a mesma variável-resposta, permitindo quantificar a precisão das pesquisas. Algumas publicações estabelecem critérios para classificação do coeficiente de variação, de acordo com dados de trabalhos com as variáveis estudadas, muitas vezes expressando essa classificação em tabelas onde se determinam valores de CV considerados: Baixo, Médio, Alto e Muito Alto (quanto menor o CV, maior a precisão dos dados).

O coeficiente de variação tem, portanto, aplicações na pesquisa para comparar a precisão de diferentes experimentos. Entretanto, a qualificação de um coeficiente como alto ou baixo requer familiaridade com o material que é objeto de pesquisa.

Utilização do Coeficiente de Variação na Escolha da Melhor Medida de Tendência Central da Série em Educação: A Média ou a Mediana

Usamos o coeficiente de variação na escolha entre a média e a mediana para representar os dados de uma distribuição de frequência. Para efeitos práticos, costuma-se considerar que CV superior a 30% indica alto grau de dispersão, consequentemente pequena representatividade da média. Enquanto para valores inferiores a 30% a média será tanto mais representativa do fato quanto menor for o valor de seu CV.

Então:

CV > 30, a mediana;
CV ≤ 30, a média.

Observação:

Se o professor estiver construindo escalas de notas iniciais, a mediana deve ser a medida de nível geral a ser escolhida, uma vez que seu raciocínio pode ser utilizado no cálculo de medidas de posição.

Capítulo 3 Medidas de Variabilidade • 73

Exemplo 1:

Qual a melhor medida de tendência central para representar uma distribuição de frequência de pontos de candidatos a uma vaga num emprego público em que a média de pontos foi de **85,00** e o desvio-padrão **29,75%**?

O coeficiente de variação da distribuição de frequência é:

CV = [(29,75)/85]. 100 = **35,00%**, alta dispersão.

Logo, a melhor medida de dispersão é a **mediana**.

Exemplo 2:

Um professor estará construindo uma escala de notas-conceito baseada nos *quartis*. Qual a melhor medida de tendência central e de variabilidade para a distribuição de frequência que servirá de base para a construção da escala?

Resposta:

Neste caso, a melhor medida de tendência central é a **mediana,** e a medida de variabilidade que deve ser utilizada é a **amplitude semi-interquartílica** (Q).

Atividades Propostas

1) Calcule a amplitude e o desvio-padrão da série:

Pontuação da turma de alfabetização em um ditado de 20 palavras:

20; 18, 17; 4; 16

Solução:

A= 20 − 4 = **16**

1º) Cálculo da média da série:

$$\overline{X} = (20 + 18 + 17 + 4 + 16) / 5 = (75)/5 = 15$$

2º) Cálculo da diferença de cada valor da série da média:

(20-15) = 5
(18-15) = 3
(17-15) = 2
(4-15) = -11
(16-15) = 1

3º) Elevar cada valor da diferença calculada ao quadrado:

$$(5)^2; (3)^2; (2)^2; (-11)^2; (1)^2$$

$$25, 9, 4, 121, 1$$

4º) Tirar média destes desvios ao quadrado:

$$S^2 = \frac{25 + 9 + 4 + 121 + 1}{5} = (160)/5 \approx 32$$

$$S = \sqrt{32} = \mathbf{5,7}$$

2) Calcule a média, a amplitude semi-interquartílica e o desvio-padrão da distribuição a seguir:

Capítulo 3 Medidas de Variabilidade • 75

Teste de Raciocínio Aritmético de uma Amostra de 20 Crianças

Notas	Alunos
1	2
2	4
3	8
4	4
5	2
Total	20

Solução:

X	F	XF	X²F	FAC
1	2	2	4	2
2	4	8	16	6
3	8	24	72	14
4	4	16	64	18
5	2	10	50	20
Total	20	60	206	——

Solução:

Média:

$$\overline{X} = \frac{60}{20} = 3$$

Amplitude Semiquartílica:

$EQ_1 = (1x20)/4 = 5 \rightarrow Q_1 = 2$
$EQ_3 = (3x20)/4 = 15 \rightarrow Q_3 = 4$

Logo, o valor da amplitude semi-interquartílica para a série é:

$$Q = \frac{Q_3 - Q_1}{2}$$

$$Q = \frac{4,0 - 2,0}{2} = \mathbf{1,0}$$

Desvio-padrão:

Aplicando a fórmula:

$$S = \sqrt{\frac{\Sigma x^2 f - \dfrac{\left(\Sigma xf\right)^2}{n}}{n}}$$

$$S = \sqrt{\frac{206 - \dfrac{\left(60\right)^2}{20}}{20}}$$

$$S = \sqrt{\frac{206 - \dfrac{3600}{20}}{20}}$$

$$S = \sqrt{\frac{206 - 180}{20}}$$

$$S = \sqrt{26/20} = \sqrt{1,3} = \mathbf{1,1}$$

Capítulo 3 Medidas de Variabilidade • 77

3) Calcule o desvio-padrão da distribuição a seguir:

Notas de Satisfação com o Lazer da Escola Y

Classes de Notas	F
0,0 ⊢—— 0,5	2
0,5 ⊢—— 1,0	2
1,0 ⊢—— 1,5	3
1,5 ⊢—— 2,0	4
2,0 ⊢—— 2,5	6
2,5 ⊢—— 3,0	10
3,0 ⊢—— 3,5	5
3,5 ⊢—— 4,0	4
4,0 ⊢—— 4,5	3
4,5 ⊢—— 5,0	1
Total	**40**

Solução:

Quadro de Cálculo
Notas de Satisfação com o Lazer da Escola Y

Classes de Notas	F	x	xF	x^2F
0,0 ⊢—— 0,5	2	0,25	0,50	0,1250
0,5 ⊢—— 1,0	2	0,75	1,50	1,1250
1,0 ⊢—— 1,5	3	1,25	3,75	4,6875
1,5 ⊢—— 2,0	4	1,75	7,00	12,2500
2,0 ⊢—— 2,5	6	2,25	13,50	30,3750
2,5 ⊢—— 3,0	10	2,75	27,5	75,625
3,0 ⊢—— 3,5	5	3,25	16,25	52,8125
3,5 ⊢—— 4,0	4	3,75	15,00	56,2500
4,0 ⊢—— 4,5	3	4,25	12,75	54,1875
4,5 ⊢—— 5,0	1	4,75	4,75	22,5625
Total	**40**	——	**102,5**	**310,0**

Aplicando a fórmula:

$$S = \sqrt{\dfrac{\Sigma x^2 f - \dfrac{\left(\Sigma xf\right)^2}{n}}{n}}$$

$$S = \sqrt{\dfrac{310 - \dfrac{\left(102,5\right)^2}{40}}{40}}$$

$$S = \sqrt{\dfrac{310 - \dfrac{10.506,25}{40}}{40}}$$

$$S = \sqrt{\dfrac{310 - 262,65625}{40}}$$

$S = \sqrt{1,1836} = \mathbf{1,09}$

4) Calcule o coeficiente de variação da série do exercício 1. Qual é a melhor medida de tendência central para estes dados?

Solução:

$\overline{X} = 15$
$S = 5,7$
Logo,

$$CV = \dfrac{5,7}{15}100 = \mathbf{38\%}\text{, alta dispersão.}$$

Como a distribuição tem alta dispersão, a melhor medida de tendência central para esta série é a **mediana.**

Capítulo 3 Medidas de Variabilidade • **79**

5) Calcule o coeficiente de variação da série do exercício 2. Qual é a melhor medida de tendência central para estes dados?

Solução:

A média da distribuição em estudo já foi calculada anteriormente:

$\overline{X} = 3,0$
$S = 1,1$

Logo,

$$CV = \frac{1,1}{3}100 = \mathbf{36,67\%}, \text{ alta dispersão.}$$

Como a distribuição tem alta dispersão, a melhor medida de tendência central para esta série é a **mediana.**

6) Calcule o coeficiente de variação da série do exercício 3. Qual é a melhor medida de tendência central para estes dados?

Solução:

A média da distribuição em estudo já foi calculada anteriormente:

$\overline{X} = 2,56$
$S = 1,09$

Logo,

$$CV = \frac{1,09}{2,56}100 = \mathbf{42,58\%}, \text{ alta dispersão.}$$

Como a distribuição tem alta dispersão, a melhor medida de tendência central para esta série é a **mediana.**

7) Compare as turmas quanto à heterogeneidade em um ditado de 50 palavras pela amplitude semi-interquartílica:

Turma	n	Q_1	Q_3
A	50	25	48
B	50	36	45
C	50	10	50
D	50	23	33

Solução:

$Q_A = (48-25)/2 = 11,5$
$Q_B = (45-36)/2 = $ **4,5**
$Q_C = (50-10)/2 = $ **20,0**
$Q_D = (33-23)/2 = $ 5,0

A distribuição menos dispersa na pontuação do ditado foi da turma B, e foi na turma C que a distribuição dos pontos do ditado foi mais variável.

8) Um psicopedagogo está estudando qual a classificação geral do nível geral de QI dos alunos de uma turma de alunos do terceiro ano do ensino médio com vista à orientações vocacionais. Segundo especialistas, a classificação geral de pessoas segundo o seu QI é:

Classificação Geral dos Níveis de QI	
Faixa de QI	Classificação
menos que 74 pontos	Infradotado
75 - 89	Abaixo da Média
90 - 110	Mediano
111 - 125	Acima da Média
mais de 126 pontos	Superdotado

Capítulo 3 Medidas de Variabilidade • **81**

O QI dos alunos foi medido e está apresentada na tabela abaixo:

QI	Alunos
0 ⊢—— 30	1
30 ⊢—— 60	4
60 ⊢—— 90	28
90 ⊢—— 110	5
110 ⊢—— 140	2
Total	40

Faça uma análise descritiva da distribuição dos QI da turma quanto ao nível geral e à dispersão, e responda?

a)Qual a classificação geral dos alunos desta turma quanto ao QI?

b)Qual a classificação geral da variação dos QI na turma?

c)Qual a interpretação que se pode fazer do comportamento geral do quociente de inteligência dos alunos da turma?

Solução:

QI	Alunos	x	xF	X2F
0 ⊢—— 30	1	15	15	225
30 ⊢—— 60	4	45	180	8100
60 ⊢—— 90	28	75	2100	157500
90 ⊢—— 110	5	105	525	55125
110 ⊢—— 140	2	135	270	36450
Total	40	375	3090	257400

$$\overline{X} = \frac{3090}{40} = 77,25$$

$$S^2 = \frac{257400 - \frac{(3090)^2}{40}}{40} = \mathbf{467,44}$$

$S = \sqrt{467,44} = \mathbf{21,62}$

$CV = [(21,62)/77,25].100 = \mathbf{27,99\%}$

a) Qual a classificação geral dos alunos desta turma quanto ao QI?

Abaixo da média

b) Qual a classificação geral da variação dos QI na turma?

Média dispersão

c) Qual a interpretação que se pode fazer do comportamento geral do quociente de inteligência dos alunos da turma?

Os alunos da turma têm QI abaixo da média e os QI são medianamente homogêneos em torno do nível geral.

9) O decanato de extensão de uma universidade levantou o número de horas de uma amostra de 20 cursos de extensão oferecidos à comunidade. Calcule a variância, o desvio-padrão e o coeficiente de variação da distribuição de frequência e infira o grau de dispersão dos dados.

Número de Horas de Cursos de Extensão Disponibilizados à Comunidade

Número de Horas	Quantidade de Cursos de Extensão
10 ⊢—— 12	3
12 ⊢—— 14	15
14 ⊢—— 16	2
Total	20

Solução:

Número de Horas de Cursos de Extensão Disponibilizados à Comunidade

Número de Horas	Quantidade de Cursos de Extensão	x_i	x_iF_i	$x_i^2F_i$
10 ├── 12	3	11	33	99
12 ├── 14	15	13	195	2925
14 ├── 16	2	15	30	60
Total	20	—	258	3084

$$\overline{X} = \frac{258}{20} = 12,9 \text{ horas}$$

$$S^2 = \frac{3084 - \dfrac{(258)^2}{20}}{20}$$

$$S^2 = 12,21$$

$$S = \sqrt{12,21} = 3,49 \text{ horas}$$

$$CV = \frac{3,49}{12,9} \times 100 = 27,05\% \text{ , Média dispersão}$$

10) Temos a seguir polígonos de frequências das notas de Estatística Básica com o Professor A e com o Professor B. Em qual das duas turmas o desvio-padrão é maior? Qual a turma mais homogênea quanto ao rendimento? Em qual das turmas aulas expositivas deverão ser minimizadas em favor de atividades didáticas em pequenos grupos, onde os alunos mais fracos se misturam com os mais fortes e, na dinâmica do trabalho de turma, um aluno ajuda na aprendizagem de outros?

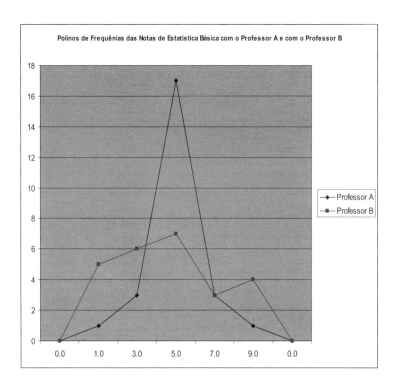

Solução:

Em qual das duas turmas o desvio-padrão é maior?

Do Professor B

Qual a turma mais homogênea quanto ao rendimento?

Do Professor A

Em qual das turmas aulas expositivas deverão ser minimizadas em favor de atividades didáticas em pequenos grupos, onde os alunos mais fracos se misturam com os mais fortes e, na dinâmica do trabalho de turma, um aluno ajuda na aprendizagem de outros?

Do Professor B

 *Capítulo 4*

Medida de Assimetria

Aplicação das Medidas de Assimetria na Educação

Muitos dos fenômenos educacionais, tais como dados antropométricos – pesos, alturas, etc. –, variáveis mentais e de rendimento – testes e provas –, quando medidos de uma boa amostra, geralmente, apresentam sua distribuição de frequência com perfil semelhante a uma curva em sino, denominada *Curva Normal*, isto é, se ajustam bem a este modelo de distribuição de frequência teórica.

A *curva normal* tem forma de sino e é simétrica em relação à média (que tem valor igual à mediana moda, quando se trata da *curva normal*), ou seja, se passarmos uma linha exatamente pelo centro da curva, teremos duas metades perfeitamente iguais.

A figura a seguir mostra a forma geométrica da Curva Normal.

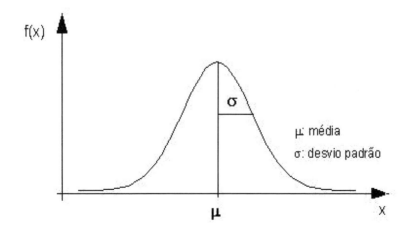

Importância da Curva Normal

A importância da *curva normal* se dá em virtude de ela se adequar bem a diversas situações práticas, ou seja, são vários os fenômenos educacionais que seguem uma distribuição normal, ou se aproximam de sua forma.

Comumente, os histogramas apresentam irregularidades, desvios da forma *normal*, resultantes de medidas malfeitas ou, ainda, defeito de amostra.

É recomendável, entretanto, considerar como normalmente distribuída uma curva que rigorosamente não tenha a forma de sino, desde que suas medidas de divergência da normalidade sejam tão pequenas que possam ser desprezadas ou toleradas.

Aqui, a suposição de normalidade se baseia em uma grande quantidade de dados empíricos de fenômenos educacionais que já foram examinados, em sua forma de distribuição, constantemente confirmada por meio de análises como sendo curva em sino.

Assim, para realizar a comparação da forma das distribuições, são utilizadas, no estudo de estatística, duas medidas: a **assimetria** e a **curtose**. Neste capítulo, iremos realizar o estudo da forma de uma distribuição de dados através de seu grau de assimetria.

Assimetria ou Distorção (As)

A assimetria é o estudo do grau de enviezamento ou distorção da curva de frequência. O valor enviesado caracteriza o grau de assimetria de uma distribuição em torno de sua média.

Tipos de Assimetria

- Assimetria Positiva;
- Assimetria Negativa;
- Curva Simétrica.

Assimetria Positiva

Quando o histograma apresenta um enviezamento ou uma distorção à direita, diz-se que a curva é assimétrica positiva. O enviezamento positivo indica que a curva contém uma quantidade de valores extremos superiores fora da normalidade.

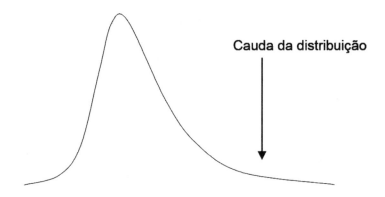

Numa distribuição assimétrica positiva, a relação sempre vale:

Moda (Mo) < Mediana (Me) < Média ($\overline{X}$)

Exemplo:

Notas Finais de Alunos da Pós-graduação em Letras

Notas (1 a 5)	Alunos
1	1
2	2
3	10
4	3
5	4
Total	20

O histograma da distribuição é:

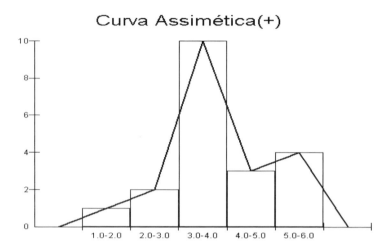

Observando esse histograma, constatamos que a distribuição tem a cauda mais longa à direita. Este enviezamento positivo indica que a distribuição apresenta uma ponta assimétrica que se estende em direção a valores mais positivos.

Portanto, nas curvas enviesadas à direita, assimetria positiva, os valores maiores aumentam a média e esta se afasta em direção à cauda da direita da distribuição: ***média>mediana***.

Assimetria Negativa

Quando o histograma apresenta um enviezamento ou uma distorção à esquerda, diz-se que a curva é assimétrica negativa. O enviezamento negativo indica que a curva contém uma quantidade de valores extremos inferiores fora da normalidade.

Cauda da distribuição

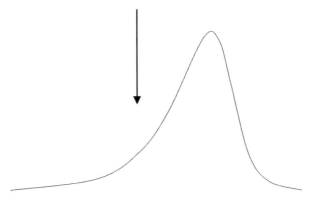

Numa distribuição assimétrica negativa, a relação sempre vale:

Média ($\overline{X}$) < Mediana (Me) < Moda (Mo)

Exemplo:

Notas Finais de Alunos da Pós-graduação em Letras

Notas (1 a 5)	Alunos
1	3
2	4
3	10
4	2
5	1
Total	20

O histograma da distribuição é:

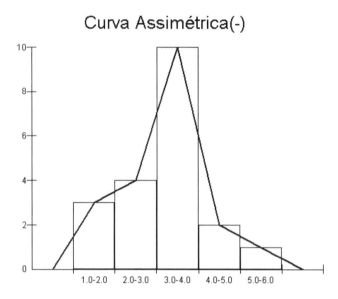

Observando esse histograma, constatamos que a distribuição tem a cauda mais longa à esquerda. Um valor enviesado negativo indica uma distribuição com uma ponta assimétrica que se estende em direção a valores menores da escala de pontos.

Portanto, nas curvas enviesadas à esquerda, assimetria negativa, os valores menores diminuem a média e esta se afasta em direção à cauda da esquerda da distribuição: ***média<mediana***.

Curva Simétrica ou Curva Normal

Não há enviezamento. É uma característica da curva Normal. Numa curva sem enviezamento, o comportamento de valores extremos positivos e negativos na série é semelhante quanto às frequências.

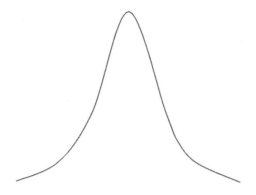

Numa distribuição simétrica, a relação sempre vale:

Média ($\overline{X}$) = Mediana (Me) = Moda (Mo)

Exemplo:

Notas Finais de Alunos da Pós-graduação em Letras

Notas (1 a 5)	Alunos
1	2
2	3
3	10
4	3
5	2
Total	20

O histograma da distribuição é:

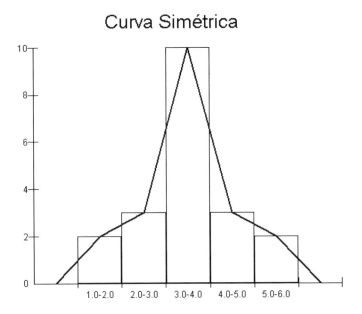

Observando esse histograma, constatamos que em relação ao retângulo de maior frequência (o do centro), o lado da esquerda é o "espelho" do lado da direita. As duas bandas são simétricas.

Portanto, nas curvas sem enviezamento, simétricas, não existe maior ou menor distorção à direita ou à esquerda, e a relação se verifica: **moda**=*média*=*mediana*.

Observação:

A mediana em todo tipo de assimetria não sofre influência da magnitude dos valores da série e sempre se mantém intacta no centro.

Coeficiente de Assimetria

O grau de assimetria é variável, podendo ser medido através de um índice. Um bom índice de assimetria é expresso pela razão entre o triplo da diferença entre a média e a mediana dividida pelo desvio-padrão.

A sua expressão, então, fica:

$$As = \frac{3\left(\overline{X} - Me\right)}{S}$$

Essa fórmula se baseia na posição relativa da média e mediana. Quanto mais aproximados são esses valores, menor é a assimetria. Na curva normal, média e mediana são idênticas, portanto o grau de assimetria é zero. O resultado do índice, na prática, variará em torno de zero, com valores negativos e positivos. O sinal indicará a direção do enviesamento: se o sinal obtido na aplicação da fórmula for negativo, a assimetria é negativa; caso contrário, será positiva.

Portanto:

1°) Se:
As = 0, a distribuição é simétrica.
As > 0, a distribuição é assimétrica positiva.
As < 0, a distribuição é assimétrica negativa.

Se a curva for assimétrica, positiva ou negativa, é necessário que se detecte qual a intensidade da distorção, e isso pode ser evidenciado pelas seguintes relações:

2°) Se:

| As | ≤ 0,15, distribuição praticamente simétrica.
0,15 < | As | ≤ 1, assimetria moderada.
| As | > 1, forte assimetria.

Exemplo:

Um índice **Ass= -0,60** expressa alto grau de assimetria negativo. Já um resultado **Ass = 0,10**, mostra uma assimetria positiva desprezível. Esta distribuição obtida poderá, então, tomar, como modelo matemático, a curva normal, porque se aproxima bastante dela.

Exemplo 1:

Vamos calcular o grau de assimetria da distribuição da tabela a seguir.

Notas Finais de Alunos da Pós-graduação em Letras

Notas (1 a 5)	Alunos	XF	X²F	FAC
1	1	1	1	1
2	2	4	8	3
3	10	30	90	13
4	3	12	48	16
5	4	20	100	20
Total	20	67	247	———

$$S = \sqrt{\frac{247 - \frac{(67)^2}{20}}{20}}$$

$$S = \sqrt{\frac{247 - 224,45}{20}}$$

$S = \sqrt{1,13} = \mathbf{1,0}$

$EM_e = (20)/2 = 10$

$M_e = \mathbf{3,0}$

O coeficiente de assimetria fica:

$$A_s = \frac{3(\overline{X} - Me)}{S}$$

$$A_s = \frac{3(3,4 - 3,0)}{1,0} = 1,2$$

Grau de Assimetria: **forte assimetria positiva.**

Exemplo 2:

Vamos calcular o grau de assimetria da distribuição da tabela a seguir.

Notas Finais de Alunos da Pós-graduação em Letras

Notas (1 a 5)	Alunos	XF	X^2F	FAC
1	3	3	3	3
2	4	8	16	7
3	10	30	90	17
4	2	8	32	19
5	1	5	25	20
Total	20	54	166	___

$$\overline{X} = (54)/20 = 2,7$$

$$S = \sqrt{\frac{166 - \dfrac{(54)^2}{20}}{20}}$$

$$S = \sqrt{\frac{166 - 145,8}{20}}$$

$$S = \sqrt{1,01} = \mathbf{1,0}$$

$$EM_e = (20)/2 = 10$$

$$M_e = \mathbf{3,0}$$

O coeficiente de assimetria fica:

$$A_s = \frac{3(\overline{X} - Me)}{S}$$

$$A_s = \frac{3(2,7 - 3,0)}{1,0} = -0,90$$

Grau de Assimetria: **assimetria negativa moderada.**

Exemplo 3:

Vamos calcular o grau de assimetria da distribuição a seguir.

Notas Finais de Alunos da Pós-graduação em Letras

Notas (1 a 5)	Alunos	XF	X^2F	FAC
1	2	2	2	2
2	3	6	12	5
3	10	30	90	15
4	3	12	48	18
5	2	10	50	20
Total	20	60	202	——

$$\overline{X} = (60)/20 = \mathbf{3,0}$$

$$S = \sqrt{\frac{202 - \dfrac{(60)^2}{20}}{20}}$$

$$S = \sqrt{\frac{202 - 180}{20}}$$

Capítulo 4 Medida de Assimetria • **97**

$S = \sqrt{1,10} = \mathbf{1,0}$

$EM_e = (20)/2 = 10$

$M_e = \mathbf{3,0}$

O coeficiente de assimetria fica:

$$A_s = \frac{3\left(\overline{X} - Me\right)}{S}$$

$$A_s = \frac{3\left(3,0 - 3,0\right)}{1,0} = 0$$

Grau de Assimetria: **curva simétrica.**

Através dos exemplos dados, podemos confirmar as relações:

Assimetria positiva: média > mediana → $\overline{X}$=3,4 > Me =3,0.

Assimetria positiva: média < mediana → $\overline{X}$=2,7 < Me = 3,0.

Curva simétrica: média = mediana → $\overline{X}$ =3,0 = Me = 3,0.

A verificação das relações expostas numa distribuição de frequência de fenômenos educacionais pode ser indicador do sentido do enviezamento da curva de frequência que o pesquisador está estudando.

Exemplo 4

Vamos calcular o grau de assimetria da distribuição a seguir.

Notas da Prova de Seleção ao Ensino Alfabetização da Escola X

Classes de Notas	F	x	x F	x²F
0 ⊢—— 2	2	1	2	2
2 ⊢—— 4	3	3	9	27
4 ⊢—— 6	10	5	50	250
6 ⊢—— 8	3	7	21	147
8 ⊢——⊣ 10	2	9	18	162
Total	**20**	—	**100**	**588**

$$\overline{X} = (100)/20 = \textbf{5,0}$$

$$S = \sqrt{\dfrac{\Sigma x^2 f - \dfrac{(\Sigma xf)^2}{n}}{n}}$$

$$S = \sqrt{\dfrac{588 - \dfrac{(100)^2}{20}}{20}}$$

$$S = \sqrt{\dfrac{588 - \dfrac{10000}{20}}{20}}$$

$$S = \sqrt{\dfrac{588 - 500}{20}}$$

$S = \sqrt{88/20} = \sqrt{4,4} = \mathbf{2,1}$

$EM_e = (20)/2 = 10$

$$M_e = 4 + 2\left[\frac{10 - 5}{10}\right] = \mathbf{5,0}$$

O coeficiente de assimetria fica:

$$A_s = \frac{3\left(\overline{X} - Me\right)}{S}$$

$$A_s = \frac{3\left(5,0 - 5,0\right)}{2,1} = 0$$

Grau de Assimetria: **curva simétrica.**

Atividades Propostas

1) Calcule o coeficiente de assimetria da distribuição a seguir e classifique a série quanto ao grau de assimetria.

Pontuação da turma de alfabetização em um ditado de 20 palavras:

$$20; 18, 17; 4; 16$$

Solução:

$\overline{X} = 15$

Rol: 4, 16, **17,** 18, 20

$M_e = 17$

100 • Estatística Aplicada à Educação com Abordagem além da Análise Descritiva

S = 5,7

O coeficiente de assimetria fica:

$$A_s = \frac{3\left(\overline{X} - Me\right)}{S}$$

$$A_s = \frac{3(15-17)}{5,7} = \mathbf{-1,1}$$

Grau de Assimetria: **forte assimetria negativa.**

2) Calcule o coeficiente de assimetria da distribuição a seguir e classifique a série quanto ao grau de assimetria.

Teste de Raciocínio Aritmético de uma Amostra de 20 Crianças

Notas	Alunos
1	2
2	4
3	8
4	4
5	2
Total	20

Solução:

$\overline{X} = 3,0$

X	F	XF	FAC
1	2	2	2
2	4	8	6
3	8	24	14 ← 10 < 14
4	4	16	18
5	2	10	20
Total	20	60	——

EMe = 10 → Me = 3,0

S = 1,1

O coeficiente de assimetria fica:

$$A_s = \frac{3\left(\overline{X} - Me\right)}{S}$$

$$A_s = \frac{3(3-3)}{1,1} = \mathbf{0}$$

Grau de Assimetria: **curva simétrica.**

3) Calcule o coeficiente de assimetria da distribuição a seguir e classifique a série quanto ao grau de assimetria.

Notas de Satisfação com o Lazer da Escola Y

Classes de Notas	F
0,0 ⊢—— 0,5	2
0,5 ⊢—— 1,0	2
1,0 ⊢—— 1,5	3
1,5 ⊢—— 2,0	4
2,0 ⊢—— 2,5	6
2,5 ⊢—— 3,0	10
3,0 ⊢—— 3,5	5
3,5 ⊢—— 4,0	4
4,0 ⊢—— 4,5	3
4,5 ⊢—— 5,0	1
Total	40

Solução:

Do capítulo anterior, temos:

$\overline{X} = 2,56$
$M_e = 2,65$

E do capítulo anterior temos:

$S = 1,09$

O coeficiente de assimetria fica:

$$A_s = \frac{3(\overline{X} - Me)}{S}$$

$$A_s = \frac{3(2,56 - 2,65)}{1,09} = -0,27$$

Grau de Assimetria: **curva assimétrica negativa moderada.**

4) Observe atentamente os histogramas e classifique as suas distribuições quanto à assimetria.

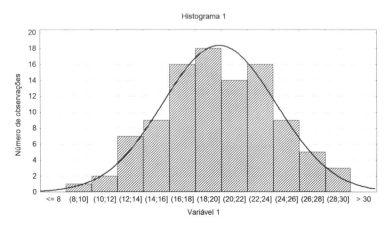

Capítulo 4 Medida de Assimetria • **103**

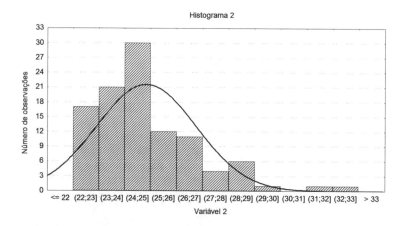

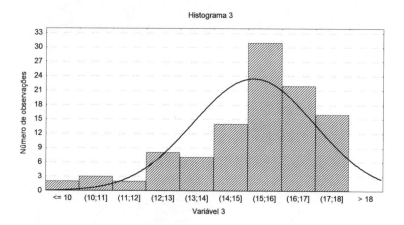

Solução:

Histograma 1: curva simétrica. Percebe-se aqui a perfeita simetria existente na curva em questão.

Histograma 2: curva assimétrica à direita é classificada como assimetria positiva, pois você pode ver que a cauda se prolonga para a direita da curva.

Histograma 3: curva assimétrica à esquerda é classificada como assimetria negativa, pois você pode ver que a cauda se prolonga para a esquerda da curva.

5) Observe os gráficos:

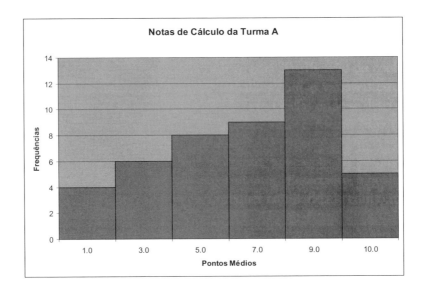

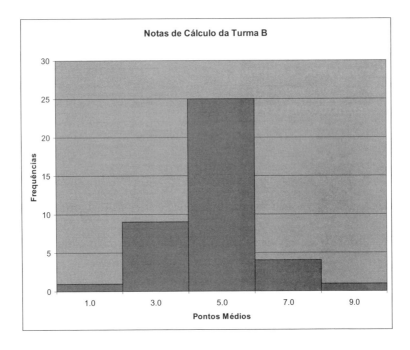

Em qual das turmas representadas nos histogramas a média aritmética não significaria uma boa técnica para redução dos dados? Por quê?

Solução:

Na distribuição de notas da turma A, uma vez que pelo histograma observa-se uma relativa incidência de valores extremos na cauda esquerda da curva, o que provoca uma baixa eficiência da média enquanto medida representativa para redução dos dados. Já na distribuição da turma B, existe uma maior uniformidade de comportamento de valores extremos, o que significa maior homogeneidade dos dados, o que implica maior eficiência da média enquanto representante dos valores da série.

Capítulo 5

Medidas de Curtose

Aplicação da Medida de Curtose na Educação

A curtose tem aplicações relevantes em pesquisas educacionais, porque, além de cogitar a forma da distribuição de frequência, com vistas a verificar, por exemplo, qual o grau de achatamento de distribuições normais em estudo, ela também dá sinais do grau de dispersão de séries de dados disponíveis.

A medida de assimetria informa sobre a distorção da curva, para a direita ou esquerda, apresentando distribuição de valores extremos além da normalidade. A curtose é necessária para retratar a elevação ou o achatamento da curva.

Curtose é a elevação ou depressão de uma curva, tomada como referência a curva normal padrão. Se a curva obtida é mais elevada do que a curva normal padrão, teremos uma curva leptocúrtica ou cume. Se é mais achatada, a curva denomina-se platicúrtica ou plana. A curva normal padrão é mesocúrtica.

De acordo com o grau de curtose, utilizamos, então, três classificações para as curvas de frequência:

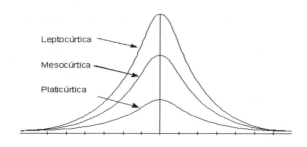

Portanto, a curtose tem os seguintes tipos de classificação:

- **Mesocúrtica:** é aquela que denominamos padrão, não é nem muito achatada nem muito alongada. A curva normal padrão tem a característica de ser mesocúrtica, ou seja, segue este padrão.
- **Leptocúrtica:** é a curva mais alongada, **cume**. Tem o pico bastante acentuado quando comparada à curva normal padrão.
- **Platicúrtica:** é a curva mais achatada, **plana**. O seu pico é bastante suave, quase imperceptível, quando comparada à curva normal padrão.

Portanto, a curtose caracteriza uma distribuição em *cume* ou *plana* se comparada à distribuição normal padrão.

Exemplo:

Classifique as distribuições de frequência abaixo de acordo com seu grau de curtose:

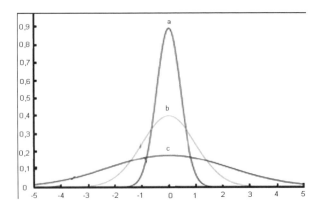

Solução:

Curva a – Leptocúrtica.
Curva b – Mesocúrtica.
Curva c – Platicúrtica.

Coeficiente de Curtose

A medida de curtose é obtida pela fórmula que indica a razão entre a amplitude semi-interquartílica (Q) e o da amplitude decílica, isto é, entre os dois decis extremos.

$$K = \frac{Q}{(D_9 - D_1)} =$$

$$K = \frac{\dfrac{Q_3 - Q_1}{2}}{(D_9 - D_1)} =$$

$$K = \frac{Q_3 - Q_1}{2(D_9 - D_1)}$$

Assim, de acordo com o valor calculado (K) para a curtose, iremos compará-lo ao valor **0,263** e verificar qual é o grau de achatamento da distribuição em estudo.

Deste modo, se:

- $K = 0,263$, *distribuição mesocúrtica.*
- $K < 0,263$, *distribuição leptocúrtica ou cume.*
- $K > 0,263$, *distribuição platicúrtica plana.*

Quando os dados em questão seguem uma distribuição normal padrão, o valor calculado para o coeficiente de curtose está em torno de **0,263**.

Observação:

A medida de curtose tem a finalidade de complementar a caracterização da dispersão em uma distribuição.

Na curva normal padrão, a curtose calculada resulta em **0,263**, portanto essa é a medida normal de achatamento. Se, na aplicação aos problemas educacionais, se obtiver valores inferiores a **K=0,263**, então a curva é *cume*. Nesse caso, a variabilidade é pequena, uma vez que Q será pequeno, bem como será o desvio decílico da expressão do coeficiente de curtose K. A curva cume retrata, consequentemente, um grau baixo de heterogeneidade da série.

Por outro lado, sendo a curtose superior a K=0,263, o desvio semi-interquartílico Q será maior e também maior a distância entre os decis. Isso refletirá uma curva mais achatada, uma curva *plana*, que, em termos educacionais, indica mais heterogeneidade.

Como vimos, o índice de curtose variará em torno de *0,263*. Quanto mais próximo a esse vamos, menor o grau de curtose.

Exemplo 1:

Um índice **K=0,220** reflete uma curva cume.

Exemplo 2:

Um índice **K=280** significa uma curva plana, significando um certo grau de heterogeneidade nos dados.

Vamos agora exemplificar o cálculo do coeficiente de curtose e da associação do grau de curtose em distribuições de frequências.

Exemplo 3:

Vamos calcular o grau de curtose da distribuição da tabela a seguir.

Notas Finais de Alunos da Pós-graduação em Letras

Notas (1 a 5)	Alunos
1	1
2	2
3	10
4	3
5	4
Total	20

Solução:

Efetuando os cálculos já amplamente conhecidos, temos que:

$Q_1 = 3,0$;
$Q_3 = 4,0$;
$D_1 = 2,0$;
$D_9 = 5,0$.

Logo,

$$K = \frac{Q_3 - Q_1}{2(D_9 - D_1)} =$$

$$K = \frac{4,0 - 3,0}{2(5,0 - 2,0)} = \mathbf{0,167 < 0,263,\ curva\ cume.}$$

Exemplo 4:

Vamos calcular o grau de curtose da distribuição da tabela a seguir:

Notas Finais de Alunos da Pós-graduação em Letras

Notas (1 a 5)	Alunos
1	3
2	4
3	10
4	2
5	1
Total	20

Solução:

Efetuando os cálculos já amplamente conhecidos, temos que:

$Q_1 = 2{,}0;$
$Q_3 = 3{,}0;$
$D_1 = 1{,}0;$
$D_9 = 4{,}0.$

$$K = \frac{Q_3 - Q_1}{2(D_9 - D_1)} =$$

$$K = \frac{3{,}0 - 3{,}0}{2(4{,}0 - 1{,}0)} = 0{,}167 < 0{,}263, \text{ **curva cume.**}$$

Exemplo 5:

Vamos calcular o grau de assimetria da distribuição da tabela a seguir:

Notas Finais de Alunos da Pós-graduação em Letras

Notas (1 a 5)	Alunos
1	2
2	3
3	10
4	3
5	2
Total	20

Solução:

Efetuando os cálculos já amplamente conhecidos, temos que:

$Q_1 = 2{,}0;$
$Q_3 = 3{,}0;$
$D_1 = 1{,}0;$
$D_9 = 4{,}0.$

$$K = \frac{Q_3 - Q_1}{2 \, (D_9 - D_1)}$$

$$K = \frac{3,0 - 2,0}{2 \, (4,0 - 1,0)} = 0,167 < 0,263, \textbf{ curva cume.}$$

Exemplo 6:

Vamos calcular o grau de curtose da distribuição a seguir:

Notas da Prova de Seleção ao Ensino Alfabetização da Escola X

Classes de Notas	F
0 ⊢——— 2	2
2 ⊢——— 4	3
4 ⊢——— 6	10
6 ⊢——— 8	3
8 ⊢——⊣ 10	2
Total	20

Solução:

Efetuando os cálculos já amplamente conhecidos, temos que:

$Q_1 = 4,0;$
$Q_3 = 6,0;$
$D_1 = 2,0;$
$D_9 = 8,0.$

$$K = \frac{Q_3 - Q_1}{2(D_9 - D_1)} =$$

$$K = \frac{6,0 - 4,0}{2(8-2)} = \quad 0,167 < 0,263, \textbf{ curva cume.}$$

Exemplo 7:

Indique o grau de curtose da distribuição:

Pontos de Alunos de uma Turma de 1ª Série do Ensino Fundamental em um Ditado de 20 Palavras

Classes de Notas	F
0 ⊢——— 5	2
5 ⊢——— 10	5
10 ⊢——— 15	15
15 ⊢——— 20	8
Total	30

Solução:

Pontos de Alunos de uma Turma de 1ª Série do Ensino Fundamental em um Ditado de 20 Palavras

Classes de Notas	F	FAC
0 ⊢——— 5	2	2
5 ⊢——— 10	5	7
10 ⊢——— 15	15	22
15 ⊢——— 20	8	30
Total	30	———

$EQ_1 = (1 \times 30)/4 = 7,5$

$$Q_1 = 10 + 5 \left[\frac{7,5 - 7}{15} \right] = \mathbf{10,2}$$

$$EQ_3 = (3\times30)/4 = 22,5$$

$$D_1 = 15 + 5\left[\frac{27-22}{8}\right] = 18,1$$

$$ED_1 = (1\times30)/10 = 3$$

$$D_1 = 5 + 5\left[\frac{3-2}{5}\right] = 6,0$$

$$ED_9 = (9\times30)/10 = 27$$

$$Q_3 = 15 + 5\left[\frac{22,5-22}{8}\right] = 15,3$$

Logo,

$$K = \frac{Q_3 - Q_1}{2(D_9 - D_1)}$$

$$K = \frac{15,3-10,2}{2(18,1-6,0)} = 0,211 < 0,263, \text{ curva cume.}$$

Diferenças de Curva Normal Original e Curva Normal Padrão

Os pesquisadores, quando falam de curva normal, tipicamente entendem a curva normal padronizada, a qual é definida pela simetria e pela curtose. Mas a curva normal original é definida exclusivamente pela simetria, isto é, que as áreas sob a curva são idênticas em ambos os lados da média. A **curva normal original** é unimodal (tem apenas um pico) e simétrica. Assim, todas as curvas da figura a seguir são **normais originais**, porque têm um pico somente e são simétricas, embora os desvios sejam diferentes, provocando diferentes níveis de curtose.

Distribuições Normais:

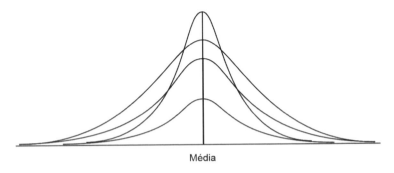

Mais ainda, curvas normais originais podem ter médias diferentes, desvios-padrão diferentes ou ambas as coisas. A figura a seguir demonstra o fato, respectivamente:

Distribuições Normais com Diferentes Médias e Desvios-padrão

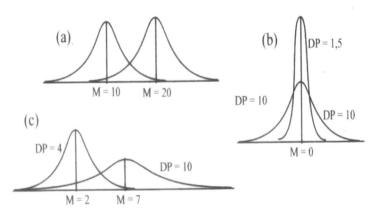

As distribuições normais originais têm médias e desvios- padrão diferentes porque trabalham diretamente com os escores originais X_i e os seus parâmetros fundamentais (média e desvio-padrão). Quem comanda as ações são os dados empíricos X_i e os seus parâmetros característicos fundamentais (média e desvio padrão). Tanto os dados empíricos X_i quanto os parâmetros característicos variam de pesquisa para pesquisa e, assim, as curvas normais resultantes serão diferentes.

Para contornar o problema de operacionalizar a curva normal original com suas diferentes formas, os estatísticos estabeleceram que a partir de qualquer distribuição normal pudesse transformá-la em uma curva normal de forma constante, sempre com média 0 e desvio padrão 1: **a Curva Normal Padrão**. Todos os estudos e cálculos que se fizesse em cima da normal padronizada servirão para a curva normal que a originou.

A vantagem dessa curva padronizada consiste em que alguns parâmetros já estão automaticamente definidos para qualquer escala de medida que você utilizar, quais sejam, média sempre 0 e variância 1. Além disso, existem tabelas construídas para essa curva que mostram probabilidades sobre esta curva que valem para a curva normal original de mesma área.

A curva normal padronizada é definida pela assimetria e curtose. A curva normal padronizada tem a característica de ser mesocúrtica.

Em pesquisas, quando se fala de curva normal, sem maiores detalhes, normalmente se está falando ou assumindo a curva normal padronizada, isto é, a curva normal mesocúrtica.

Descrição de Resultados de Testes e Provas

A descrição de resultados de testes e provas, por meio de uma distribuição de frequência e seus gráficos – polígonos de frequência, histogramas ou ogivas – geralmente, não é suficiente. A estatística possui medidas descritivas mais satisfatórias que resumem, de forma bem sucinta, as informações necessárias ao estudo da distribuição de frequência.

Para uma descrição bem informativa, são necessárias quatro medidas diferentes:

1. Uma *medida de tendência central* que informará o nível geral médio do grupo.
2. Uma *medida de variabilidade* que dará notícia da dispersão ou afastamento dos dados em torno do valor central.
3. Uma *medida de assimetria* que refletirá a inclinação ou enviezamento da distribuição dos valores, para a direita ou para a esquerda.
4. Uma *medida de curtose* que dirá do achatamento da curva obtida com a distribuição de frequência.

Essas quatro medidas, que se resumirão em apenas quatro números, descreverão uma distribuição de frequência, dispensando gráficos e até mesmo a própria tabela de distribuição de frequência, quando se tratar de um relatório final.

Atividades Propostas

1) Calcule o coeficiente de curtose da distribuição e classifique a série quanto ao grau de curtose.

Teste Final de Raciocínio Aritmético de uma Amostra de 20 Crianças

Notas	Alunos
1	2
2	4
3	8
4	4
5	2
Total	20

Solução:

Teste Final de Raciocínio Aritmético de uma Amostra de 20 Crianças

Notas	Alunos	FAC
1	2	2
2	4	6
3	8	14
4	4	18
5	2	20
Total	20	——

$EQ_1 = (1 \times 20)/4 = 5 \to Q1 = 2$
$EQ_3 = (3 \times 20)/4 = 15 \to Q3 = 4$
$ED_1 = (1 \times 20)/10 = 2 \to D1 = 1$
$ED_9 = (9 \times 20)/10 = 18 \to D9 = 4$

Logo,

$$K = \frac{Q_3 - Q_1}{2(D_9 - D_1)}$$

$$K = \frac{4-2}{2(4-1)} \quad = 0,333 > 0,263, \textbf{ curva plana.}$$

2) Calcule o coeficiente de curtose da distribuição e classifique a série quanto ao grau de curtose.

Notas de Satisfação com o Lazer da Escola Y

Classes de Notas	F
0,0 ⊢── 0,5	2
0,5 ⊢── 1,0	2
1,0 ⊢── 1,5	3
1,5 ⊢── 2,0	4
2,0 ⊢── 2,5	6
2,5 ⊢── 3,0	10
3,0 ⊢── 3,5	5
3,5 ⊢── 4,0	4
4,0 ⊢── 4,5	3
4,5 ⊢── 5,0	1
Total	40

Solução:

Notas de Satisfação com o Lazer da Escola Y

Classes de Notas	F	FAC
0,0 ⊢—— 0,5	2	2
0,5 ⊢—— 1,0	2	4
1,0 ⊢—— 1,5	3	7
1,5 ⊢—— 2,0	4	11
2,0 ⊢—— 2,5	6	17
2,5 ⊢—— 3,0	10	27
3,0 ⊢—— 3,5	5	32
3,5 ⊢—— 4,0	4	36
4,0 ⊢—— 4,5	3	39
4,5 ⊢—— 5,0	1	40
Total	40	——

$EQ_1 = (1 \times 40)/4 = 10$

$$Q_1 = 1,5 + 0,5 \left[\frac{10 - 7}{4} \right] = \mathbf{1,875}$$

$EQ_3 = (3 \times 40)/4 = 30$

$$Q_3 = 3,0 + 0,5 \left[\frac{30 - 27}{5} \right] = \mathbf{3,300}$$

$ED_1 = (1 \times 40)/10 = 4$

$$D_1 = 0,5 + 0,5 \left[\frac{4 - 2}{2} \right] = \mathbf{1,0}$$

$ED_9 = (9 \times 40)/10 = 36$

$$D_9 = 3,5 + 0,5 \left[\frac{36 - 32}{4} \right] = \mathbf{4}$$

Logo,

$$K = \frac{Q_3 - Q_1}{2(D_9 - D_1)}$$

$$K = \frac{3,300 - 1,875}{2(4,000 - 1,000)} = 0,238 < 0,263,\ \textbf{curva cume.}$$

3) Classifique a série a seguir quanto à assimetria, curtose, e construa o seu histograma.

Notas de uma Turma na Prova de Física

Notas	No de Alunos
0 ⊢—— 2	1
2 ⊢—— 4	3
4 ⊢—— 6	8
6 ⊢—— 8	6
8 ⊢——⊣10	2
Total	20

Solução:

Notas	F	x	xF	x2F	FAC
0 ⊢—— 2	1	1	1	1	1
2 ⊢—— 4	3	3	9	27	4
4 ⊢—— 6	8	5	40	200	12
6 ⊢—— 8	6	7	42	294	18
8 ⊢——⊣ 10	2	9	18	162	20
Total	20	—	110	684	—

$$\overline{X} = (110)/20 = 5,50$$

$$EM_e = (20)/2 = 10$$

$$M_e = 4 + 2\left[\frac{10-4}{8}\right] = 5,50$$

$$EQ_1 = (1x20)/4 = 5$$

$$Q_1 = 4 + 2\left[\frac{5-4}{8}\right] = 4,25$$

$$EQ_3 = (3x20)/4 = 15$$

$$Q_3 = 6 + 2\left[\frac{15-12}{6}\right] = 7,00$$

$$ED_1 = (1x20)/10 = 2$$

$$D_1 = 2 + 2\left[\frac{2-1}{3}\right] = 2,67$$

$$ED_9 = (9x20)/10 = 18$$

$$D_9 = 6 + 2\left[\frac{18-12}{6}\right] = 8,00$$

$$S = \sqrt{\dfrac{684 - \dfrac{(110)^2}{20}}{20}}$$

$$S = \sqrt{\dfrac{684 - \dfrac{12100}{20}}{20}}$$

$$S = \sqrt{\dfrac{684 - 605}{20}}$$

$S = \sqrt{79/20} = \sqrt{3,95} = \mathbf{2,00}$

O coeficiente de assimetria fica:

$$A_s = \frac{3\left(\overline{X} - M_e\right)}{S}$$

$$A_s = \frac{3\left(5,5 - 5,5\right)}{2,0} = 0$$

Grau de Assimetria: **curva simétrica.**

O coeficiente de curtose fica:

$$K = \frac{Q_3 - Q_1}{2\left(D_9 - D_1\right)}$$

$$K = \frac{7,00 - 4,25}{2\left(8,00 - 2,67\right)} = 0,258 < 0,263,\ \textbf{curva cume.}$$

Histograma:

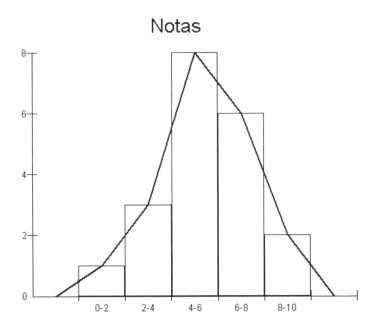

Observação:

Se observarmos o histograma da série, vamos constatar que a mesma apresenta distribuição semelhante à curva simétrica e cume, o que corrobora os resultados aritméticos encontrados.

4) Na tabela a seguir, encontram-se os resultados (em pontos) de uma avaliação aplicada ao total de alunos dos dois turnos de uma escola de ensino médio: diurno e noturno. Faça uma análise do desempenho dos alunos em duas dimensões: rendimento e heterogeneidade.

	Média	Q_1	Q_3	D_{10}	D_{90}
Noturno	19,00	17,60	21,00	16,40	24,60
Diurno	20,00	16,50	23,50	13,60	26,40

Solução:

Quanto ao rendimento:

$$\overline{X}_{noturno} = 19,00$$

$$\overline{X}_{diurno} = 20,00$$

Interpretação: Os alunos do turno diurno tiveram um maior rendimento.

Quanto à heterogeneidade:

$$K_{noturno} = \frac{21,00 - 17,60}{2(24,60 - 16,40)} = 0,207 < 0,263, \textbf{ cume.}$$

$$K_{noturno} = \frac{23,50 - 16,50}{2(26,40 - 13,60)} = 0,273 > 0,263, \textbf{ plana.}$$

Interpretação: Os alunos do turno diurno tiveram maior grau de heterogeneidade.

5) A distribuição de "itens" por pasta de "biblioteca/documento" do *tablet* de estudantes do ensino fundamental e médio é o que vai apresentado a seguir. Analisando o nível de curtose da série, que evidência podemos obter do grau de dispersão destes dados?

Número de Itens por Pastas de "Meus Documentos" de *Tablets* de Alunos de uma Escola

Número de Itens	Número de Pastas	FAC
110	5	5
125	3	8
130	30	38
145	10	48
180	2	50
Total	50	—

Solução:

$EQ_1 = (1 \times 50) / 4 = 12,5$
$Q_1 = \textbf{130 itens}$
$EQ_3 = (3 \times 50) / 4 = 37,5$
$Q_3 = \textbf{130 itens}$
$EP_{10} = (10 \times 50) / 100 = 5$
$P_{10} = \textbf{110 itens}$
$EP_{90} = (90 \times 50) / 100 = 45$
$P_{90} = \textbf{145 itens}$

$$K = \frac{130 - 130}{2(145 - 110)} = 0$$

Portanto, a distribuição é extremamente cume, o que é um indicador de baixíssima variabilidade.

 *Capítulo 6*

Escala de Notas Baseada no Desvio-Padrão

Esquema Básico de uma Prova

A construção de uma prova pede, de início, uma pesquisa dos aspectos significativos da disciplina que se pretende medir, seguida do planejamento da distribuição do número de questões por esses aspectos, com a estimativa da sua pontuação (valorização). É o esquema básico da prova.

O esquema básico de uma prova procura obter a abrangência total da matéria da avaliação e, ainda, a distribuição equitativa da valorização dos itens.

Exemplo:

Numa prova de português, o esquema básico poderia envolver equitativamente quatro aspectos: *leitura, ortografia, gramática e literatura*. Cada uma dessas partes valeria aproximadamente 2,5 pontos do valor total da prova (a prova valeria 10,0). Entretanto, a maioria das provas que temos examinado em nossas pesquisas tem supervalorizado a leitura e a gramática em detrimento dos outros aspectos.

Como ilustração, o esquema básico para uma prova de português poderia seguir o seguinte:

a. Divisão em aspectos que deverão ser medidos: leitura, ortografia, gramática e literatura.
b. Decisão sobre a valorização total da prova, resultando automaticamente na valorização de cada aspecto: total dividido por 4. A prova vale 10,0, então cada aspecto valerá 2,5.

128 • Estatística Aplicada à Educação com Abordagem além da Análise Descritiva

c. Decisão sobre o número de itens-dificuldades de cada aspecto. Cada item-dificuldade deverá ter valor idêntico.

Como resultado, o esquema básico da prova poderia ser:

1ª Parte: leitura e interpretação de texto com 5 itens (no caso perguntas), cada um valendo 0,5 ponto → 2,5.
2ª Parte: um ditado com 5 itens (no caso palavras), cada um valendo 0,5 pontos → 2,5.
3ª Parte: 5 questões de gramática, cada uma valendo 0,5 → 2,5.
4ª Parte: 5 questões de literatura, cada uma valendo 0,5 → 2,5.

Valor total: 10,0 pontos.

Feito o esquema básico, o professor da disciplina ou uma equipe de professores ou técnicos da escola ou da instituição iniciará a pesquisa visando à elaboração de itens bem objetivos, evitando-se sempre questões de memorização ou que meçam aspectos pouco significativos.

Uma prova planejada nesses aspectos resulta em uma medida efetiva da aprendizagem.

A fase de planejamento usa a estatística de maneira velada, por exemplo, quando procura distribuir a pontuação equitativamente, itens com mesma dificuldade pontuados igualmente, cobertura da prova envolvendo uma amostra de assuntos mais representativos, etc.

Toda esta intromissão estatística na fase do planejamento tem por finalidade a obtenção de uma medida de aprendizagem ótima estatisticamente falando – "**ótima**" é aquela medida que discrimina os alunos. Uma medida de aprendizagem será tanto melhor quanto mais discriminar os alunos.

Perfis de Provas

Existe o falso conceito de que prova boa é aquela em que a maioria dos alunos obteve 10,0. Não, a prova é boa quando há uma distribuição normal dos resultados pela escala: 66% de alunos médios, 17% de alunos fracos e 17% de alunos ótimos.

Exemplo:

O gráfico a seguir retrata o perfil de uma prova bem elaborada em que os itens foram planejados e contabilizados de forma que, aproximadamente, 20% dos itens fossem tão fáceis que pudessem ser acertados pela maioria e, vice-versa, 20% fossem tão difíceis que apenas os melhores alunos os acertassem. Desta forma, a prova alcança o seu sentido legítimo: **discriminar os alunos com aprendizagem ótima, boa regular, inferior e sofrível**.

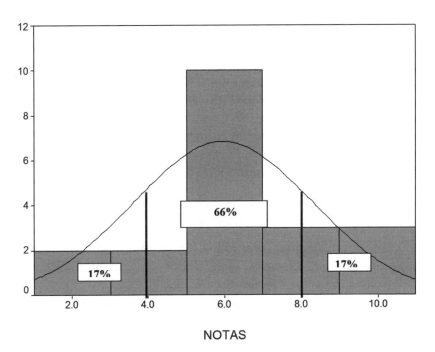

Distribuição Normal de uma Prova Ótima

NOTAS

Uma prova defeituosa é o resultado do mau planejamento dos itens:

a. *Itens óbvios que possibilitam o acerto por parte de todos os alunos, indiscriminadamente;*
b. *Itens dúbios cuja formulação embaraça o raciocínio do aluno melhor;*
c. *Itens difíceis em grande quantidade;*
d. *Itens fáceis em sua maioria.*

130 • Estatística Aplicada à Educação com Abordagem além da Análise Descritiva

Esse esquema expressa uma prova ótima: **seu perfil segue o modelo de curva normal**. Provas e testes são construídos visando obter tal curva, razão pela qual a estatística começa a atuar desde a fase de planejamento, passando pela, correção e construção de escala padrão.

Classificação do Aluno

Na fase da classificação do aluno, temos inicialmente a correção das provas dos estudantes segundo o gabarito prefixado, resultando, finalmente, para cada aluno, a sua nota. Seguindo a correção das provas, vem a construção da escala de notas e posterior classificação do aluno segundo essa escala.

Novamente, na construção da escala de notas a **curva normal** é tomada como modelo ou referência.

Tornou-se evidente que a escala de notas é construída depois da correção das provas e não como parte integrante da fase do planejamento. As escalas organizadas *a priori* somente são admitidas em provas de turmas únicas de uma série ou fase do ensino, refletindo uma população pequena. Desde que haja uma quantidade grande de turmas de uma série ou fase de estudo, torna-se necessária uma escala única padronizada para classificação do aluno, construída a partir de uma amostra representativa da população ou através do censo, quando o número de alunos não justificaria um levantamento por amostragem (menos de 500).

São vários o tipos de escalas, todos eles usando conceitos da curva normal como modelo ideal da prova, alguns mais próprios para provas ou testes de classificação (iniciais, concursos, etc.), outros ideais para provas escolares que implicam aprovação e reprovação.

Abordaremos aqui um tipo de escala próprio para as provas escolares, sejam parciais ou finais.

É fundamental, entretanto, que todos os alunos façam a prova final e, portanto, não haja aquela reprovação feita *a priori* pelo professor, tão comum em nossas escolas. É uma regra em muitas escolas e universidades que certos alunos, segundo algum critério, sejam reprovados direto, sem direito à prova final.

Todavia, se se desejar dar notas segundo as técnicas estatísticas, esse regulamento de selecionar os alunos que farão prova final será desconsiderado, uma vez que o modelo da curva normal, que servirá para a decisão da área de aprovação e recuperação, bem como servirá para elaboração da escala de notas, envolve todos os alunos, sem exceção.

Escala de Notas para Provas Finais

Será baseada em dois critérios fundamentais:

- *Curva Normal;*
- *Critério de Corte para Aprovação.*

Estes dois quesitos irão demarcar as áreas de aprovação e recuperação.

Segundo um critério universalmente usado na psicometria, o primeiro desvio-padrão aquém da média delimita na curva as duas áreas: aprovação e recuperação.

O gráfico a seguir ilustra uma curva modelo de prova com suas áreas demarcadas.

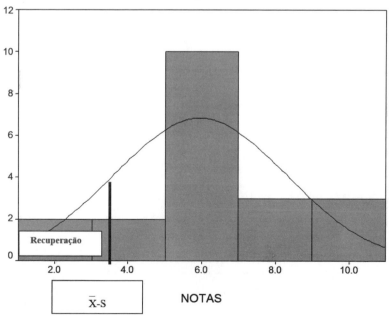

132 • Estatística Aplicada à Educação com Abordagem além da Análise Descritiva

O método da construção da escala segue as seguintes etapas:

1. Obter a distribuição de frequência da prova;
2. Calcular a média e o desvio-padrão da distribuição de frequência da prova;
3. Polígono de frequência evidenciando o modelo de notas como aproximadamente normal ou outro teste de normalidade;
4. Construção da escala de notas baseada no desvio-padrão.

Metodologia da Construção da Escala de Notas-Padrão

1º) Cálculo do Escore de Corte (EC):

É a pontuação mínima que o aluno tem que tirar na prova para aprovação direta sem ter que ir para a recuperação. É a nota mínima que o aluno terá que tirar para não ir à recuperação.

Portanto, farão recuperação os alunos que estiverem abaixo de EC, o que corresponde aproximadamente a 16% dos alunos, numa prova ótima.

$$EC= \overline{X} - S$$

2º) Escore de Corte Padrão (ECP):

É a nota-padrão que será associada ao EC. É arbitrada pelo pesquisador e geralmente assume os valores 4,0 ou 5,0.

$$ECP = 4,0 \text{ ou } ECP = 5,0$$

Para um Modelo de Escala com 10 Notas:

3º) Cálculo do 1/2 do Desvio-Padrão:

O modelo de escala de notas-padrão segue a Tabela 16.1, baseada no desvio-padrão. Observando esta tabela, constatamos que precisamos calcular, além de EC, a quantidade (1/2S), 1/4 do desvio padrão, onde S é o desvio-padrão da distribuição de frequência que estamos trabalhando.

$$(1/2S) = 0,5 \times S$$

Nota:

Numa escala de 10 notas, as notas-padrão vão de 1,0 em 1,0 até 10,0.

Escala de Notas Baseada no Desvio-Padrão

Notas-Padrão	Escala
1,0	Até [EC-2.(1/2.S)]-0,1
2,0	[EC-2.(1/2.S)] até [EC-1. (1/2.S)] -0,1
3,0	[EC-1. (1/2.S)] até EC -0,1
4,0	EC até [EC+1.(1/2.S)] -0,1
5,0	[EC+1. (1/2.S)] até [EC+2. (1/2.S)] -0,1
6,0	EC+2.(1/2.S)] até [EC+3.(1/2.S)] -0,1
7,0	[EC+3.(1/2.S)] até [EC+4.(1/2.S)] -0,1
8,0	[EC+4.(1/2.S)] até [EC+5.(1/2.S)] -0,1
9,0	[EC+5.(1/2.S)] até [EC+6.(1/2.S)] -0,1
10,0	Acima de [EC+6.(1/2.S)]

Nota: S= desvio-padrão.

Para uma Modelo de Escala de 20 Notas:

3º) Cálculo do 1/4 do Desvio-Padrão:

O modelo de escala de notas-padrão segue a tabela a seguir, baseada no desvio-padrão. Observando esta tabela, constatamos que precisamos calcular, além de EC, a quantidade (1/4S), 1/4 do desvio-padrão, onde S é o desvio-padrão da distribuição de frequência que estamos trabalhando.

$$(1/4S) = 0,25 \times S$$

Nota:

Numa escala de 20 notas, as notas-padrão vão de 0,5 em 0,5 até 10,0.

Escala de Notas Baseada no Desvio-Padrão

Notas-Padrão	Escala
1,0	Até [EC-5.(¼.S)]-0,1
1,5	[EC-5.(¼.S)] até [EC-4.(¼.S)] -0,1
2,0	[EC-4.(¼.S)] até [EC-3. (¼.S)] -0,1
2,5	[EC-3. (¼.S)] até [EC-2. (¼.S)] -0,1
3,0	[EC-2. (¼.S)] até [EC-(¼.S)] -0,1
3,5	[EC-(¼.S)] até EC -0,1
4,0	EC até [EC+(¼.S)] -0,1
4,5	[EC+(¼.S)] até [EC+2. (¼.S)] -0,1
5,0	[EC+2. (¼.S)] até [EC+3. (¼.S)] -0,1
5,5	[EC+3. (¼.S)] até EC+4.(¼.S)] -0,1
6,0	EC+4.(¼.S)] até [EC+5.(¼.S)] -0,1
6,5	[EC+5.(¼.S)] até [EC+6.(¼.S)] -0,1
7,0	[EC+6.(¼.S)] até [EC+7.(¼.S)] -0,1
7,5	[EC+7.(¼.S)] até [EC+8.(¼.S)] -0,1
8,0	[EC+8.(¼.S)] até [EC+9.(¼.S)] -0,1
8,5	[EC+9.(¼.S)] até [EC+10.(¼.S)] -0,1
9,0	[EC+10.(¼.S)] até [EC+11.(¼.S)] -0,1
9,5	[EC+11.(¼.S)] até [EC+12.(¼.S)] -0,1
10,0	Acima de [EC+12.(¼.S)]

Nota: S= desvio-padrão.

Exemplo 1:

Vamos construir uma escala de 10 notas-padrão da seguinte distribuição de frequência já estudada:

Capítulo 6 Escala de Notas Baseada no Desvio-Padrão • **135**

Notas Finais de Alunos da Pós-graduação em Letras

Notas (1 a 5)	Alunos
1	2
2	3
3	10
4	3
5	2
Total	20

2º) Calcular a média e o desvio-padrão da distribuição de frequência da prova:

$\overline{X} = 3,0$
$S = 1,0$
$EC = 3,0 - 1,0 = 2,0$
$ECP = 4,0$
$(1/2S) = 0,5 \times 1,0 = 0,5$

3º) Teste de Normalidade:

O histograma da distribuição é:

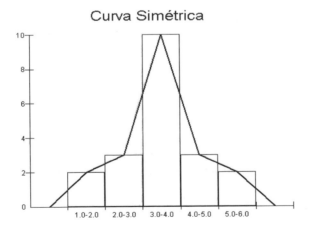

Observando esse histograma, podemos confirmar a normalidade da distribuição de notas.

4º) Construção da escala de notas baseada no desvio-padrão.

Aplicando o modelo aos nossos dados, temos:

Escala de Notas-Padrão das Notas Finais de Alunos da Pós-graduação em Letras

Notas-Padrão	Escala
1,0	Até 0,9
2,0	1,0 até 1,4
3,0	1,5 até 1,9
4,0	2,0 até 2,4
5,0	2,5 até 2,9
6,0	3,0 até 3,4
7,0	3,5 até 3,9
8,0	4,0 até 4,4
9,0	4,5 até 4,9
10,0	Acima de 5,0

Classificar os Alunos:

Qual a classificação de um aluno que tenha tirado 4,0 na prova da pós-graduação?
Resposta: A nota-padrão dele seria 8,0.

Vamos supor que nesta fase ou o aluno é aprovado ou vai fazer uma segunda prova final para recuperação. Em que situação estaria este aluno?
Resposta: Ele estaria aprovado direto.

Qual a situação de um aluno com nota 1,5?
Resposta: A nota-padrão do aluno seria 3,0 e ele estaria na situação de fazer uma prova de recuperação ou uma segunda prova final.

Exemplo 2:
A Pontuação dos Alunos em uma Prova Final de Composição

Classes de Notas	F_i
20 ⊢—— 29	25
30 ⊢—— 39	85
40 ⊢—— 49	155
50 ⊢—— 59	180
60 ⊢—— 69	45
70 ⊢—— 79	10
Total	500

$2^{\underline{o}}$) *Calcular a média e o desvio-padrão da distribuição de frequência da prova:*

$\overline{X} = 47,8$
$S = 10,8$
$EC = 47,8 - 10,8 = 37$
$ECP = 4,0$
$(1/4S) = 0,25 \times 10,8 = 2,7$

$3^{\underline{o}}$) *Teste de Normalidade:*

$\overline{X} = 47,8$
$M_e = 49,0$

$$A_s = \frac{3(47,8 - 49,0)}{10,8} = -0,33$$

Grau de assimetria moderado. O desvio da normalidade não é acentuado.

4º) Construção da escala de notas baseada no desvio-padrão.
Aplicando o modelo de 10 notas-padrão aos nossos dados, temos:

Escala de Notas Baseada no Desvio-Padrão

Notas-Padrão	Escala
1,0	Até 23,4
1,5	23,5 até 26,1
2,0	26,2 até 28,8
2,5	28,9 até 31,5
3,0	31,6 até 34,2
3,5	34,3 até 36,9
4,0	37,0 até 39,6
4,5	39,7 até 42,3
5,0	42,4 até 45,0
5,5	45,1 até 47,7
6,0	47,8 até 50,4
6,5	50,5 até 53,1
7,0	53,2 até 55,8
7,5	55,9 até 58,5
8,0	58,6 até 61,2
8,5	61,3 até 63,9
9,0	64,0 até 66,6
9,5	66,7 até 69,3
10,0	Acima de 69,4

Atividades Propostas

1) Construa uma escala de 10 notas-padrão para classificação dos alunos que realizaram o teste de raciocínio aritmético.

Teste de Raciocínio Aritmético de uma Amostra de 20 Crianças

Notas	Alunos
1	2
2	4
3	8
4	4
5	2
Total	20

Solução:

$\overline{X} = 3,0$

X	F	XF	FAC
1	2	2	2
2	4	8	6
3	8	24	14 → 10<14
4	4	16	18
5	2	10	20
Total	20	60	——

$EM_e = 10 \rightarrow M_e = 3,0$

$S = 1,1$

O coeficiente de assimetria fica:

$$A_s = \frac{3\left(\overline{X} - M_e\right)}{S}$$

$$A_s = \frac{3\left(3-3\right)}{1,1} = \mathbf{0}$$

Grau de Assimetria: **curva simétrica.**

Aplicando o modelo de 10 notas-padrão aos nossos dados, temos:

Escala de Notas-Padrão
Teste de Raciocínio Aritmético de uma Amostra de 20 Crianças

Notas-Padrão	Escala
1,0	Até 0,6
2,0	0,7 até 1,2
3,0	1,3 até 1,8
4,0	1,9 até 2,4
5,0	2,5 até 3,0
6,0	3,1 até 3,6
7,0	3,7 até 4,2
8,0	4,3 até 4,8
9,0	4,9 até 5,4
10,0	Acima de 5,5

2) Construa uma escala de 20 notas-padrão para a distribuição de frequência abaixo. Qual a classificação de um aluno que tenha tirado 38 pontos? Estaria aprovado ou em recuperação?

Pontos de Alunos da Turma da 2ª Série do Ensino Fundamental na Prova de Redação da Escola X

Pontos	F
15 ⊢— 19	1
20 ⊢— 24	8
25 ⊢— 29	10
30 ⊢— 34	20
35 ⊢— 39	24
40 ⊢— 44	18
45 ⊢— 49	4
50 ⊢— 54	4
55 ⊢— 59	1
Total	90

Solução:

$\overline{X} = 36$
$S = 8$
$M_e = 36$
$A_s = 0 \rightarrow$ distribuição ajustável à curva normal
$EC = 36 - 8 = 28$
$ECP = 4$
$(1/4S) = 0,25 \cdot 8 = 2$

A escala fica então:

Escala de Notas-padrão

Pontos de Alunos da Turma da 2ª Série do Ensino Fundamental na Prova de Redação da Escola X

Notas-Padrão	Escala
1,0	Até 17
1,5	18 até 19
2,0	20 até 21
2,5	22 até 23
3,0	24 até 25
3,5	26 até 27
4,0	28 até 29
4,5	30 até 31
5,0	32 até 33
5,5	34 até 35
6,0	36 até 37
6,5	38 até 39
7,0	40 até 41
7,5	42 até 43
8,0	44 até 45
8,5	46 até 47
9,0	48 até 49
9,5	50 até 51
10,0	Acima de 52

Qual a classificação de um aluno que tenha tirado 38 pontos? Estaria aprovado ou em recuperação? A nota-padrão deste aluno é 6,5. Ele estaria aprovado, pois é maior que 4,0.

3) Construa uma escala de 20 notas-padrão para as notas finais de matemática de uma turma na última série do ensino fundamental.

Resultados da Prova de Matemática

Classes de Notas	F
0 ⊢——— 2	1
2 ⊢——— 4	2
4 ⊢——— 6	3
6 ⊢——— 8	10
8 ⊢——— 10	2
10 ⊢——— 12	2
Total	20

Solução:

2º) Calcular a média e o desvio-padrão da distribuição de frequência da prova:

$\overline{X} = 6,0$
$S = 2,3$

3º) Polígono de frequência evidenciando o modelo de notas como aproximadamente normal ou outro teste de normalidade:

Capítulo 6 Escala de Notas Baseada no Desvio-Padrão • 143

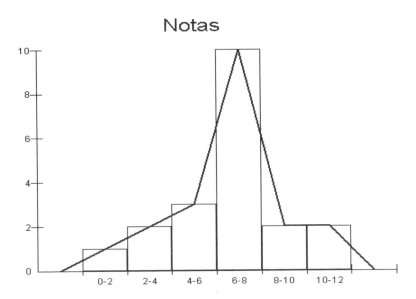

Conforme podemos observar pela figura acima, o polígono se aproxima do perfil da curva normal, o que significa que a prova foi bem elaborada, planejada, adequada.

4º) *Construção da escala de notas baseada no desvio-padrão.*

Por conseguinte, para a construção da escala de notas–padrão, devemos calcular as seguintes quantidades:

EC = 6,0 − 2,3 = **3,7**

ECP = **4,0** → **arbitrado**

(1/4S) = 0,25.2,3 ≈ **0,6**.

Aplicando o modelo de 20 notas-padrão aos nossos dados, temos:

Escala de Notas Baseada no Desvio-Padrão

Notas-Padrão	Escala
1,0	Até 0,6
1,5	0,7 até 1,2
2,0	1,3 até 1,8
2,5	1,9 até 2,6
3,0	2,5 até 3,0
3,5	3,1 até 3,6
4,0	3,7 até 4,2
4,5	4,3 até 4,8
5,0	4,9 até 5,4
5,5	5,5 até 6,0
6,0	6,1 até 6,6
6,5	6,7 até 7,2
7,0	7,3 até 7,8
7,5	7,9 até 8,4
8,0	8,5 até 9,0
8,5	9,1 até 9,6
9,0	9,7 até 10,2
9,5	Acima 10,3

Capítulo 7

Probabilidades

Aplicação de Probabilidades na Educação

Embora probabilidades pertença ao campo da matemática, sua inclusão neste livro se justifica pelo fato de a maioria dos fenômenos educacionais de que trata a Estatística ser de natureza aleatória ou probabilística. Consequentemente, o conhecimento dos aspectos fundamentais de probabilidades é uma necessidade essencial para o estudo da Estatística Inferencial ou Inferência Estatística.

Procuramos resumir aqui os conhecimentos que são necessários para termos um ponto de apoio em nossos primeiros passos no caminho à Inferência Estatística.

Fenômeno Aleatório:

São aqueles que se comportam de forma aleatória ou imprevisível na medida em que se realizam.

Exemplos:

- O número de alunos faltantes em uma dada aula se comporta de forma aleatória.
- O desempenho de instituições de ensino superior no ENADE em cada ano é um fato aleatório.
- No início do período letivo de um curso de graduação, é aleatória a quantidade de alunos que ficarão aprovados ou reprovados.
- O volume de inscritos em um concurso do magistério se comporta de forma aleatória.

- O número de aprovados em um vestibular é um fato casual.
- O número de acertos na prova de português de candidatos ao magistério em um concurso público se comporta de forma aleatória.
- O desempenho de instituições de ensino superior no ENADE em cada ano é um fato aleatório.

Cálculo das Probabilidades:

Todos esses experimentos são aleatórios e o estudo de suas regularidades passam pela quantificação das incertezas de suas realizações. O cálculo das probabilidades é a área do conhecimento que se destina a produzir teorias acerca de fenômenos que se comportam de forma aleatória.

Espaço Amostral (S):

É o conjunto de todas as possíveis realizações de um fenômeno que se comporta de forma aleatória.

Exemplos:

- Seja uma turma de 4 alunos cujas notas em ortografia foram: {8, 5, 7, 8}. Seja a experiência aleatória de selecionar aleatoriamente um aluno desta turma e verificar a sua nota em ortografia. O espaço amostral associado é:

$$S = \{8, 5, 7, 8\}$$

- Caso se observe o fenômeno educacional do volume de matrículas em uma escola no início do semestre, o espaço amostral associado será:

$$S = \{0, 1, 2, 3, ...\}$$

- Seja a experiência aleatória de se selecionar ao acaso uma série do ensino fundamental para um estudo de incentivos verbais motivacionais de aprendizagem, o espaço amostral associado será:

$$S = \{1, 2, 3, 4, 5, 6, 7, 8, 9\}$$

Eventos:

É uma realização do fenômeno aleatório que se revela em uma observação específica.

Exemplos:

- Seja uma turma de 4 alunos cuja notas em ortografia foram: {8, 5, 7, 8}. Seja a experiência aleatória de selecionar aleatoriamente um aluno desta turma e verificar a sua nota em ortografia. Podem se manifestar os seguintes eventos:

$$E_1 = \{ 8 \} \,,\, E_2 = \{8, 5\} \,,\, E_3 = \{8, 5, 7\}$$

- Caso se observe o fenômeno educacional do volume de matrículas em uma escola no início do semestre. A matrícula de 500 alunos no final das inscrições é um evento.

- Seja a experiência aleatória de se selecionar ao acaso um aluno do ensino fundamental e observar a sua série. Um evento possível, resultado da seleção efetuada, é:

$$E = \{1, 8, 9 \}$$

Probabilidade

É uma métrica científica utilizada para oferecer informações ao pesquisador acerca do comportamento incerto de eventos de fenômenos aleatórios de modo que se possam buscar evidências da regularidade desta classe de fenômenos e produzir teorias com relação ao seu comportamento típico.

Fórmula Clássica do Cálculo da Probabilidade:

Chamamos de probabilidades de um evento E (E contido em S) o número real $P(E)$, tal que:

$$P(E) = \frac{n(E)}{n(S)}$$

Onde:

n(E) é o número de elementos de E.
n(S) é o número de elementos de S.

Exemplos:

1) Seja uma turma de 4 alunos cujas notas em ortografia foram: {8, 5, 7, 8}. Seja a experiência aleatória de selecionar um aluno desta turma e verificar a sua nota em ortografia. Qual a probabilidade de selecionar um aluno que tenha tirado 8?

Solução:

S = {8, 5, 7, 8}
E = { 8, 8 }

n(E) = 2
n(S) = 4

$$P(E) = \frac{n(E)}{n(S)}$$

$$P(E) = \frac{2}{4} = 0,5 \; ou \; 50\%$$

2) Uma turma tem 5 homens e 15 mulheres. Seleciona-se ao acaso um aluno desta turma. Qual a probabilidade de que seja mulher?

Capítulo 7 Probabilidades • **149**

Solução:

E = { aluno selecionado ser mulher}

n(E) = 15
n(S) = 20

$$P(E) = \frac{15}{20} = 0,75 \, ou \, 70\%$$

3) Seja a experiência aleatória de se selecionar ao acaso uma série do ensino fundamental para um estudo de incentivos verbais motivacionais de aprendizagem. Um evento possível, resultado da seleção efetuada, é E= {1, 8 , 9}. Calcule P(E).

Solução:

S = {1,2,3,4,5,6,7,8,9}

E = { 1, 8, 9 }

n(E) = 3
n(S) = 9

$$P(E) = \frac{n(E)}{n(S)}$$

$$P(E) = \frac{3}{9} = 0,33 \, ou \, 33\%$$

4) A seguir apresentamos a distribuição de frequências das faltas da população de alunos de uma turma no final do período de um curso de graduação. O curso tem ao todo 60 aulas. Para ser aprovado, o aluno tem que ter 75% de presença. Qual a probabilidade de selecionar ao acaso um aluno deste curso e ele estar reprovado por falta?

Número de Faltas	Frequência de Alunos
0 ⊢——— 15	32
15 ⊢——— 30	4
30 ⊢——— 45	2
45 ⊢——— 60	1
60 ⊢——— 75	1
Total	40

Solução:

E= selecionar um aluno do curso reprovado por falta.

E = o número de faltas ser maior ou igual a 15.

$$P(E) = \frac{8}{40} = \mathbf{0,20} \ ou \ \mathbf{20\%}$$

5) Uma universidade oferecerá 30 cursos de extensão no verão. Todos os cursos têm 20 vagas. Contudo, nem todos os cursos serão efetivamente oferecidos. Somente serão ofertados aqueles com 60% das vagas previstas preenchidas. No final do período de inscrição, a tabela a seguir é a distribuição do número de inscritos nos cursos disponibilizados. Selecionando um curso previsto para ser oferecido no período de verão, qual a probabilidade de ele ser efetivamente realizado?

Solução:

Número de Inscritos	Frequência de Alunos
0 ⊢——— 5	2
5 ⊢——— 10	4
10 ⊢——— 15	4
15 ⊢——— 20	8
20 ⊢——— 25	12
Total	30

E= selecionar um curso que será efetivamente realizado.

E = o seu número de inscritos ser maior ou igual a 12.

$$P(E) = \frac{24}{30} = 0,80 \text{ ou } 80\%$$

Pelo que acabamos de ver, poderemos concluir que:

- A probabilidade de evento certo é igual a 1:

$$P(S) = 1$$

- A probabilidade do evento impossível é igual a zero:

$$P(I) = 0$$

A probabilidade de um evento E qualquer (E contido em S) é um número real P(E), tal que:

$$0 \leq P(E) \leq 1$$

Eventos Complementares:

Um evento $\overline{E}$ é complementar ao evento E se ele somente ocorrer se o evento E deixar de ocorrer. São todos os elementos do espaço amostral S, que não pertencem ao evento E.

Visualizando:

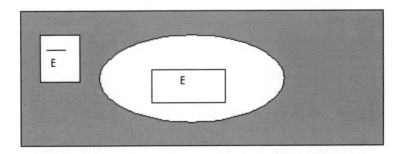

Portanto:

$$E + \overline{E} = S$$
$$E \cap \overline{E} = 0$$

Assim, eventos complementares são mutuamente exclusivos.

Podemos escrever:

$$S = E + \overline{E}$$

$$P(S) = 1$$

$P(E + \overline{E}) = 1$, como são eventos mutuamente exclusivos, temos que:

$$P(E) + P(\overline{E}) = 1 \rightarrow P(\overline{E}) = 1 - P(E)$$

Exemplos:

1) A probabilidade de um aluno tirar 10 numa prova é de 80%. Qual a probabilidade de ele não tirar 10?

$$P(E) = 0,80$$

$$P(\overline{E}) = 1 - 0,80 = \mathbf{0,20} \text{ ou } \mathbf{20\%}$$

2) A probabilidade histórica de reprovações numa turma de português é de 10%. Qual a probabilidade de não haver reprovações?

$$P(E) = 0,10$$

$$P(\overline{E}) = = 1 - 0,10 = \mathbf{0,90} \text{ ou } \mathbf{90\%}$$

Eventos Independentes:

Dizemos que dois eventos são independentes quando a realização ou não-realização de um dos eventos não afeta a probabilidade da realização do outro e vice-versa. A ocorrência de um deles não aumenta ou diminui a ocorrência do outro. A realização de um deles não modifica a chance de realização do outro.

Exemplo:

Se dois alunos fazem uma prova de forma independente ("sem cola"), a probabilidade de um deles ter bom rendimento não afeta a probabilidade de outro aluno ter bom rendimento. Estes eventos são independentes.

Regra do Produto para Eventos Independentes:

Se dois eventos são independentes, a probabilidade de que eles se realizem simultaneamente é igual ao produto das probabilidades de realização dos dois eventos.

Sejam E_1 e E_2 dois eventos independentes. Suponha que tenhamos o interesse numa experiência aleatória de quantificar a ocorrência dos eventos E_1 e E_2 simultaneamente, então, desejamos: $P(E_1 \cap E_2)$:

$$P\left(E_1 \cap E_2 \right) = P\left(E_1\right) \times P\left(E_2\right)$$

Exemplo:

Numa turma do ensino médio, no final do período letivo, 14 alunos ficaram aprovados e 6 reprovados. Selecionam-se, um após o outro, dois alunos desta turma, **com reposição**. Qual a probabilidade de serem dois reprovados?

E = {reprovado, reprovado}

$$P(E) = \frac{6}{20} \times \frac{6}{20} = 0,30 \times 0,30 = \mathbf{0,09}\ ou\ \mathbf{9\%}$$

Eventos Mutuamente Exclusivos:

São aqueles que nunca podem ocorrer simultaneamente em uma mesma realização de uma experiência aleatória.

Exemplos:

- *Num mesmo semestre, o aluno ser aprovado e reprovado numa mesma disciplina são eventos mutuamente exclusivos.*
- *Ao selecionar um aluno do ensino fundamental e observar a sua série, os eventos "aluno da sexta série" e "aluno da oitava série" são mutuamente exclusivos.*
- *Ao selecionar um aluno do ensino médio e observar se tem computador em casa, os eventos "tem computador em casa" e "não tem computador em casa" são mutuamente exclusivos.*

Lembrando da *Teoria dos Conjuntos,* podemos dizer que eventos mutuamente exclusivos constituem conjuntos disjuntos, isto é, a interseção é o conjunto vazio (representado por $\varnothing$). Sejam E_1 e E_2 dois eventos de um mesmo espaço amostral (S), assim:

$$E = E_1 \cap E_2 = \varnothing.$$
$$P(E_1 \cap E_2) = 0$$

Teorema da Soma:

Se dois eventos são mutuamente exclusivos, a probabilidade de que um **ou** outro ocorra é igual à soma das probabilidades de que cada um deles se realize:

$$P(E) = P(E_1) + P(E_2)$$

Se dois eventos **não** são mutuamente exclusivos, a probabilidade de que um **ou** outro ocorra é igual à soma das probabilidades de que cada um deles se realize menos a probabilidade da interseção, que agora existe:

$$P(E) = P(E_1) + P(E_2) - P(E_1 \cap E_2)$$

Exemplos:

1) Numa turma de graduação em Pedagogia, 10 alunos passaram direto, 4 ficaram reprovados direto e 6 foram para a prova final. Selecionando um aluno desta turma ao acaso, qual a probabilidade de selecionar um aluno que passou direto **ou** foi para a prova final?

Solução:

E = selecionar um aluno que passou direto **ou** foi para a prova final.
Como os eventos são mutuamente exclusivos, logo:

P(E) = 0,50 + 0,30 = **0,80** ou **80%**

2) Numa prova de leitura de um romance da literatura, 25 alunos tiveram bom rendimento, 15 não tiveram bom rendimento e 5 não fizeram a prova. Dos que fizeram a prova, somente 5 leram o livro. Selecionando, ao acaso, um aluno desta turma, qual a probabilidade de selecionar um aluno que tenha tido um bom **ou** um mau rendimento na prova?
Solução:

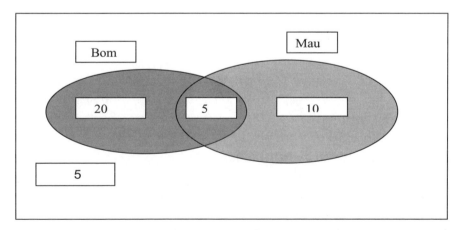

$$P\left(Bom \cup Mau\right) = \frac{25}{40} + \frac{15}{40} - \frac{5}{40} = 0,625 + 0,375 - 0,125 =$$

$$P\left(Bom \cup Mau\right) = \textbf{0,875 ou 87,5\%}$$

Variáveis Aleatórias:

Toda vez que uma variável quantitativa discreta ou contínua é influenciada pelo acaso, diz-se que é uma *variável aleatória*. Seus resultados são imprevisíveis, pois cada um deles resulta de fatores não controlados.

Exemplos:

- *No início do período letivo de um curso de graduação, o número de alunos reprovados é uma variável aleatória.*
- *Antes de uma dada aula, o de faltas é uma variável aleatória.*
- *O número de aprovados em um vestibular é uma variável aleatória antes de sair o resultado.*
- *Ao selecionar aleatoriamente um aluno da turma, a nota que ele terá tirado em matemática é uma variável aleatória.*
- *O peso de alunos de uma academia é uma variável aleatória, antes de ser investigado o seu valor em dado aluno.*
- *O grau de satisfação numa escala de 0 a 5 de alunos com uma metodologia didática é uma variável aleatória.*
- *O grau de instrução provoca uma influência aleatória nos hábitos alimentares da população.*

Distribuição de Probabilidades:

Quando os resultados da variável aleatória X são apresentados em termos de suas probabilidades de ocorrência ou em termos de frequências relativas em grandes amostras, tem-se, então, uma distribuição de probabilidades. A soma das probabilidades sempre soma 1,0 ou 100%.

A probabilidade de que cada variável aleatória X assuma o valor x é descrito em uma tabela ou em um modelo matemático e se chama distribuição de probabilidade de X, que podemos representar por P (X=x) ou simplesmente P (x).

Exemplos:

Numa turma de 30 alunos, temos a seguir representada a distribuição de notas de geografia em termos de suas frequências relativas. Por ser uma amostra grande, essas frequências relativas podem ser encaradas como probabilidades de ocorrências de selecionar ao acaso um aluno da turma e ele ter obtido uma determinada nota X.

Notas(X)	Probabilidades P(X)
5,0	0,05
6,0	0,10
6,5	0,15
8,0	0,40
8,5	0,15
9,0	0,10
10,0	0,05
Total	1,00

Ao selecionar, por exemplo, um aluno aleatoriamente desta turma, a probabilidade de ele ter tirado nota 8,0 será, então:

$$P(X=x) = P(X=8,0) = 0,40 \text{ ou } 40\%$$

Observação:

Uma distribuição de probabilidades pode ser representada também como uma função matemática, onde a cada valor x que a variável aleatória X pode assumir, associamos uma probabilidade:

$$P(X=x) = f(x)$$

Distribuição Binomial:

É uma distribuição de probabilidade adequada aos experimentos que apresentam apenas dois resultados: **Sucesso ou Fracasso.**
Alguns exemplos de experimentos aleatórios deste tipo são:

- *Aprovado (sucesso) ou não aprovado (fracasso) numa disciplina.*
- *Trancar (sucesso) ou não trancar (fracasso) uma disciplina na faculdade.*
- *Faltar (sucesso) ou não faltar (fracasso) uma aula num dado dia.*

Variável Binomial:

É o número de tentativas bem-sucedidas num total de n tentativas realizadas.

Exemplo:

Seja a experiência de se observar 5 alunos selecionados aleatoriamente de uma turma. Se o aluno obteve aprovação, vai-se atribuir valor 1, sucesso, caso contrário, o valor 0, fracasso. Vamos supor que o resultado da observação seja a situação a seguir:

0	1	0	1	0
___	___	___	___	___

Neste caso, a variável binomial assume o valor 2, $X=2$.

Outros Exemplos:

- *Observar o número de alunos reprovados numa turma.*
- *Observar o número de alunos que faltaram num dado dia de aula de uma disciplina de graduação.*

Probabilidade Binomial

É a medição da chance da variável binomial assumir um determinado número de tentativas bem-sucedidas. A probabilidade binomial é dada pela expressão:

$$P(X = x) = C_n^X \, p^x . q^{(n-x)}$$

Onde:

x = número de tentativas bem-sucedidas em n observações independentes do fenômeno aleatório.

n = número de tentativas independentes.

p = probabilidade de sucesso em cada tentativa.

q = 1-p = probabilidade de não-sucesso em cada tentativa.

$$C_n^x = \frac{n!}{x!(n-x)!}$$

Exemplo:

Seja a experiência de se observar 5 alunos selecionados aleatoriamente de uma turma. Se o aluno obteve aprovação, vai-se atribuir valor 1, sucesso, caso contrário, o valor 0, fracasso. Por histórico, a probabilidade de um aluno conseguir uma aprovação é de 5%. Qual a probabilidade de se ter 2 alunos aprovados?

Solução:

X = número de alunos aprovados numa amostra de 5 estudantes.

$$X \sim B(5;0,05)$$

Logo:

$$P(X = X) = C_n^x \, p^x . q^{(n-x)}$$

$$P(X = 2) = C_5^2 (0,05)^3 . (0,95)^{(5-3)}$$

$$P(X = 2) = C_5^2 (0,05)^2 . (0,95)^2$$

$$P(X = 2) = \mathbf{0,0226 \ ou \ 2,26\%}$$

Exemplo 2:

Imagine que 10% dos vistos para os Estados Unidos a alunos de pósgraduação num ano sejam do Brasil. Determine as probabilidades de que, dentre três vistos concedidos a alunos pelo consulado americano:

a) dois sejam do Brasil;
b) nenhum seja do Brasil.

Solução:

Vamos identificar qual é a variável aleatória em estudo e quais são o sucesso e o fracasso associados a esta variável:

X: variável aleatória número de vistos a alunos brasileiros.

Assim, você pode agora identificar os elementos da expressão da distribuição Binomial.

a)

x= número de vistos a alunos brasileiros, x=2.
n= número de experimentos aleatórios, n=3.
p=probabilidade de sucesso, p=0,10 e q=0,90.

Com estes elementos, podemos calcular a probabilidade solicitada:

$$P(X = X) = \overset{x}{\underset{n}{C}} p^{x}.q^{(n-x)}$$

$$P(X = 2) = \overset{2}{\underset{3}{C}}(0,10)^{2}.(0,90)^{(3-2)} = \mathbf{0,027}$$

Pode-se concluir que, dentre três vistos concedidos pelos EUA, a probabilidade de dois serem para o aluno do Brasil é de **0,027** ou aproximadamente **2,7%**.

b)
x= número de sucessos, x=0.
n=número de experimentos aleatórios, n=3.
p=probabilidade de sucesso, p=0,10 e 1-p=0,90.

Com estes elementos, podemos calcular a probabilidade:

$$P(X = 0) = \overset{0}{\underset{3}{C}}(0,10)^{0}.(0,90)^{(3-0)} = \mathbf{0,7290}$$

Pode-se concluir que, dentre três vistos concedidos pelos EUA, a probabilidade de nenhum ser para o aluno no Brasil é de **0,7290** ou aproximadamente **72,90%**.

Distribuição Normal

A distribuição normal é considerada a distribuição de probabilidade mais importante, pois permite modelar uma infinidade de fenômenos naturais e, além disso, possibilita realizar aproximações para calcular probabilidades de muitas variáveis aleatórias que têm outras distribuições. É muito importante também na inferência estatística, como será observado no capítulo seguinte.

Esta distribuição é chamada de curva normal porque a sua média representa uma norma, um modelo de comportamento para a variável na população. Os valores que se desviam da média é considerado erro, daí o conceito de desvio-padrão.

A distribuição normal é caracterizada por uma função de probabilidade, cujo gráfico descreve uma curva em forma de sino, unimodal e simétrica, como mostra a figura a seguir:

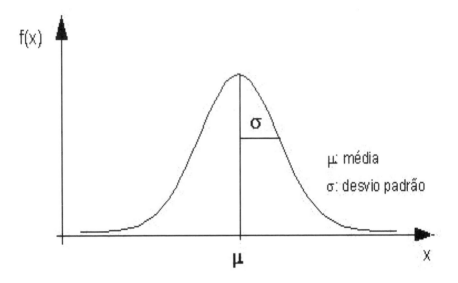

Essa forma de distribuição evidencia que há maior probabilidade de a variável aleatória assumir valores próximos do centro.

Aplicações da Distribuição Normal:

Quando estudamos os gráficos de análise e as medidas da forma da distribuição, aprendemos a detectar se uma distribuição de frequência tinha a forma da Curva Normal.

Uma vez detectada que a distribuição se ajusta à Curva Normal, podemos realizar duas aplicações com esta informação:

- *Cálculo de probabilidades da variável em estudo pertencer a determinados intervalos.*
- *Modelagem da distribuição de estimativas de parâmetros para inferência estatística.*

Neste capítulo, aprenderemos a realizar a primeira aplicação.

Características da Distribuição Normal:

* *A variável aleatória X pode assumir todo e qualquer valor real.*
* *A representação gráfica da distribuição normal é uma curva em forma de sino, simétrica em torno da média μ, que recebe o nome de Curva Normal ou de Gauss.*
* *A área total limitada pela curva e pelo eixo das abscissas é igual a 1, já que essa área corresponde à probabilidade de a variável aleatória X assumir qualquer valor real.*
* *A curva normal é assintótica em relação ao eixo das abscissas sem, contudo, alcançá-la.*
* *Como a curva é simétrica em torno de μ, a probabilidade de ocorrer valor maior do que a média é igual à probabilidade de ocorrer valor menor do que a média, isto é, ambas as probabilidades são iguais a 0,5. Escrevemos:*

$$P(X > \mu) = P(X < \mu) = 0,5$$

Quando temos em mãos uma variável aleatória com distribuição normal, nosso principal interesse é obter a probabilidade de essa variável aleatória assumir um valor em um determinado intervalo.

Os Cinco Passos do Cálculo da Probabilidade Normal:

1°) Identificar no problema dados da relação:

$$X \sim N (\mu ; \sigma^2)$$

2°) Transformar a variável aleatória original X numa nova variável aleatória padronizada Z, que é tabelada, pela fórmula:

$$z = \frac{\overline{X} - \mu}{\sigma}$$

A transformação assim obtida é uma variável aleatória que tem distribuição normal reduzida ou normal padrão, mas sempre com média 0 e desvio-padrão 1 para qualquer natureza da variável original:

$$\mathbf{X : Z \sim N\ (\ 0;\ 1\ ).}$$

3°) Localizar na figura da normal a área correspondente à probabilidade pedida.

4°) Consultar a tabela da normal reduzida e localizar a probabilidade necessária para o cálculo da probabilidade pedida.

5°) Realizar o cálculo da probabilidade.

Exemplos:

1) Uma população de candidatos num concurso público obteve pontuações que se distribuem normalmente com média 100 e desvio-padrão 10. Considere a experiência aleatória de se selecionar um candidato e observar a sua nota X e calcule as probabilidades:

a) P(100 < X < 120)
b) P(X > 120)
c) P(X > 80)
d) P(85 < X < 115)
e) P(X < 125)

Solução:

a) P(100 < X < 120)

$$X \sim N\ (\ \mu\ ;\ \sigma^2\ ) \rightarrow X \sim N\ (\ 100;\ 100\ )$$

$$P\left(\frac{X_1 - \mu}{\sigma} < Z < \frac{X_2 - \mu}{\sigma} \right)$$

$$P\left(\frac{100 - 100}{10} < Z < \frac{120 - 100}{10} \right) = P\left(0 < Z < 2,0 \right)$$

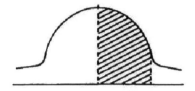

P(0 < Z < 2,0) = **0,4772 ou 47,72%**

b) P(X>120)

$$P\left(Z > \frac{X_1 - \mu}{\sigma}\right)$$

$$P\left(Z > \frac{120 - 100}{10}\right) = P(Z > 2,0)$$

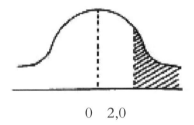

0   2,0

P(Z > 2,0) = 0,5 − 0,4772 = **0,0228 ou 2,28%**

c) P(X >80)

$$P\left(Z > \frac{80 - 100}{10}\right) = P(Z > 2,0)$$

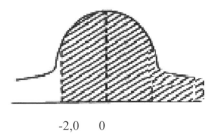

P(Z > -2,0) = 0,4772 + 0,5 = **0,9772 ou 97,72%.**

d) P(85 < X < 115)

$$P\left(\frac{85-100}{10} < Z < \frac{115-100}{10}\right) = P(-1,5 < Z, 1,5)$$

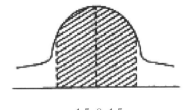

P(- 1,5 < Z < 1,5) = 0,4332 + 0,4332 = **0,8664 ou 86,64%**

e) P(X < 125)

$$P\left(Z < \frac{125-100}{10}\right) = P(Z < 2,5)$$

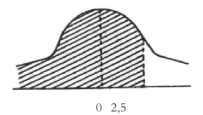

P (Z < 2,5) = 0,5 + 0,4938 = **0,9938 ou 99,38%**

2) O volume de correspondência recebido por uma escola quinzenalmente tem distribuição normal com média de 4.000 cartas e desvio-padrão de 200 cartas. Qual a probabilidade de numa dada quinzena a escola receber:

a) P(3600 < X < 4250)?

b) P(x < 3400)?

Solução:

a) P (3600 < X < 4250)?

$X \sim N(\mu; \sigma^2) \to X \sim N(4000; 200^2)$

$$P\left(\frac{X_1 - \mu}{\sigma} < Z < \frac{X_2 - \mu}{\sigma}\right)$$

$$P\left(\frac{3600 - 4000}{200} < Z < \frac{4250 - 4000}{200}\right)$$

P (− 2,00 < Z < 1,25) =

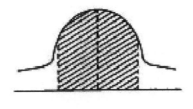

-2,0   0   1,25

P (− 2,00 < Z < 1,25) = 0,4771 + 0,3944 = **0,8716 ou 87,16%**

b) P (x < 3400)

$$P\left(Z < \frac{3400-4000}{200}\right) = P(Z < -3,0)$$

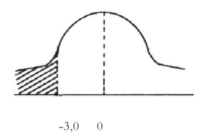

P (Z < -3,0) = 0,5 − 0,4987 = **0,0013 ou 0,13%**

Atividades Propostas

1) Uma turma de pós-graduação é formada por 5 pessoas casadas e 7 solteiras. Seleciona-se uma pessoa aleatoriamente desta população. Qual a probabilidade de esta pessoa ser solteira?

Solução:

E= evento a pessoa selecionada ser solteira.

P(E) = (7/12) = 58,33%

2) Em uma turma de mestrado em economia, 30% obtiveram conceito final A, 20% da B, 30% da C e 15% da D e 5% da E. Seleciona-se de um banco de dados um aluno desta turma. Qual a probabilidade de ter tido conceito final A ou D?

Solução:

E= ter tido conceito final A ou D.

Capítulo 7 Probabilidades • **169**

P(E) = 0,3 + 0,15 = 45%.

3) De 300 estudantes de administração, 100 estão matriculados em Contabilidade e 80 em Estatística. Estes dados incluem 30 estudantes matriculados em ambas as disciplinas. Qual a probabilidade de que um estudante escolhido aleatoriamente esteja matriculado em Contabilidade ou em Estatística?

Solução:

E=estudante escolhido aleatoriamente esteja matriculado em Contabilidade ou em Estatística.

P(E) = 100/300 + 80/300 − 30/300 = 50%

ou

P(E) = 70/300 + 30/300 + 50/300 = 50%

4) A probabilidade de um aluno com um perfil estabelecido ser aprovado em uma disciplina é de 20% e a probabilidade de outro aluno com mesmo perfil é de 10%. Se os dois eventos são independentes, qual a probabilidade de ambos serem aprovados na disciplina?

Solução:

E= ambos serem aceitos pelo mercado consumidor.

P(E) = 0,20 x 0,10 = 2%

5) Em geral, a probabilidade de que um professor consiga preparar um candidato adequadamente para a prova de inglês do doutorado é de 40%. Se o professor está preparando três alunos atualmente para a prova de inglês do doutorado, qual a probabilidade de que os três sejam aprovados?

170 • Estatística Aplicada à Educação com Abordagem além da Análise Descritiva

Solução:

E= os três alunos consigam aprovação.

P(E) = 0,4x0,4x0,4 = 6,40%

6) João tem 50% de probabilidade de lembrar-se de uma teoria estudada na adolescência, e Pedro, outro aluno, tem 60%. Qual a probabilidade de que ao tentarem se lembrar simultaneamente a teoria seja lembrada?

Solução:

E= a marca da certa linha do produto ser lembrada.

P(E) = (0,5x0,6) + (0,5x0,6) + (0,5x0,4) = 80%

7) Pesquisa mostra que apenas 2% dos estudantes querem cursar licenciatura ou Pedagogia. Suponha uma amostra aleatória de 20 estudantes do 3º ano do ensino médio. Qual a probabilidade de 2 optarem por cursar licenciatura ou Pedagogia na universidade?

Solução:

$$P(X = 2) = C_{20}^{2} \cdot (0,02)^2(0,98)^{18} = \mathbf{0,0528} \text{ ou } \mathbf{5,28\%.}$$

8) Em uma escola de ensino fundamental, a probabilidade de um aluno usar óculos é de 5%. Se selecionarmos, com reposição, 10 alunos desta escola de forma aleatória, qual a probabilidade de 2 usarem óculos?

Solução:

$$P(X = 2) = C_{10}^{2} \cdot (0,05)^2(0,95)^8 = \mathbf{0,0746} \text{ ou } \mathbf{7,46\%.}$$

Capítulo 7 Probabilidades • **171**

9) Historicamente o percentual de reprovações em uma turma de alfabetização é de 1%. Selecionam-se 5 alunos desta turma. Qual a probabilidade de nenhum ser reprovado?

Solução:

$$P (X = 0) = C_{5}^{0} .(0,01)^{0}(0,99)^{5} = \mathbf{0,9510} \text{ ou } \mathbf{95,10\%.}$$

10) A probabilidade de as turmas com reforço didático ter rendimento escolar acima da média é de 10%. Selecionam-se, ao acaso, 20 turmas desta escola, com reposição. Qual a probabilidade de 3 delas terem tido rendimento acima da média?

Solução:

$$P (X = 3) = C_{20}^{3} .(0,10)^{3}(0,90)^{17} = \mathbf{0,1901} \text{ ou } \mathbf{19,10\%.}$$

11) Um estudo sobre os efeitos do uso prolongado de *tablet* no aprendizado de crianças indica que 77% dos pais acreditam que a experiência dos filhos com o *tablet* ajudam-no a aprender a resolver problemas, além de contribuir para desenvolver um pensamento criativo. Se 30 pais são selecionados aleatoriamente do universo alvo da pesquisa, qual a probabilidade de a metade acreditar que a experiência dos filhos com o *tablet* ajudam-no a aprender a resolver problemas, além de contribuir para desenvolver um pensamento criativo?

Solução:

$$P (X = 15) = C_{30}^{15} .(0,10)^{15}(0,90)^{15} = \mathbf{0,0008 \text{ ou } 0,08\%}$$

172 • Estatística Aplicada à Educação com Abordagem além da Análise Descritiva

12) Um artigo tem como objetivo refletir e destacar os principais sintomas físicos e psicológicos de *stress* encontrados em professores das primeiras séries do ensino fundamental em escolas públicas estaduais de uma cidade brasileira. Exercer a atividade docente implica, para o professor, ter uma ocupação que exige certo grau de habilidade, preparo e conhecimento atualizado, ao mesmo tempo que este profissional necessita praticar ações que desenvolvam as habilidades cognitivas, afetivas e sociais. Nos dados coletados, nesta investigação, **67%** dos professores apresentaram *stress* e apenas **33%** não apresentaram sintomas significativos do *stress*. Esses dados refletem que a presença de sintomas de *stress* nos professores do ensino fundamental apresenta-se alta. A revisão da literatura sobre o *stress* em professores aponta um consenso de que ensinar é uma das ocupações altamente estressantes, com reflexos negativos e evidentes na saúde física e mental, bem como no desempenho profissional dos professores. A sintomatologia predominante foram os sintomas psicológicos, na qual se apresentam como mais significativos: a irritabilidade excessiva, pensar constantemente em um só assunto e sensibilidade emotiva excessiva. Na área física, os sintomas mais presentes foram: cansaço constante, sensação de desgaste físico constante e problemas com a memória. Selecionando aleatoriamente 10 professores desta população estudada, qual a probabilidade de 6 apresentarem sinais de *stress*?

Solução:

$$P (X = 6) = C_{10}^{6} .(0{,}67)^2(0{,}33)^4 = \textbf{0,2253 ou 22,53\%.}$$

13) Pesquisa revela que 18% de crianças ou adolescentes infratores no Brasil estão na 6ª série do ensino fundamental quando ingressam em unidades socioeducativas de ressocialização. Uma amostra aleatória de 50 infratores é selecionada. Qual a probabilidade de haver 9 crianças e adolescentes na 6ª série do ensino fundamental?

Capítulo 7 Probabilidades • **173**

Solução:

$$P(X = 9) = \overset{9}{C}_{50} .(0,18)^2(0,82)^{41} = \mathbf{0,1454} \text{ ou } \mathbf{14,54\%}.$$

14) 29,8% dos brasileiros tomam refrigerante pelo menos cinco vezes ao dia. Seja amostra de 30 brasileiros, qual a probabilidade de haver 10 brasileiros que tomam refrigerante pelo menos cinco vezes ao dia?

Solução:

$$P(X = 10) = \overset{10}{C}_{30} .(0,298)^2(0,702)^{20} = \mathbf{0,1402} \text{ ou } \mathbf{14,02\%}.$$

15) A Pesquisa Nacional de Saúde Escolar (PENSE)-2012, realizada pelo Instituto Brasileiro de Geografia e Estatístico-IBGE, traçou o perfil de 109.104 estudantes do 9º ano do ensino fundamental de mais de 2842 escolas públicas e privadas do país. Eles são uma amostra de 3.100.000 estudantes matriculados no referido ano, em 2012. Considerando dados dos diretores, incluídos na pesquisa para informar sobre infraestrutura das escolas, foi possível concluir que 17,9% dos adolescentes estudavam em escolas situadas em áreas de risco. Selecionando aleatoriamente uma subamostra de 10 estudantes do 9º ano do ensino fundamental da amostra estudada, qual a probabilidade de 2 alunos estudarem em escolas situadas em áreas de risco?

Solução:

$$P(X = 2) = \overset{2}{C}_{10} .(0,179)^2(0,821)^8 = \mathbf{0,2976} \text{ ou } \mathbf{29,76\%}.$$

16) 20,8% dos alunos do 9º ano do ensino fundamental praticam *bullying* contra os colegas no Brasil, segundo o IBGE. Selecionando uma amostra aleatória de 20 estudantes do 9º ano do ensino fundamental do Brasil, qual a probabilidade de que 4 ou mais estudantes já tenham praticado *bullying* contra colegas?

Solução:

$$P(X{\geq}4)= 1 - P(X{<}4)=1 - [P(X{=}0) + P(X{=}1) + P(X{=}2) + P(X{=}3)] =$$

$$P(X = 0) = C_{20}^{0} .(0,208)^0(0,792)^{20} = 0,0094$$

$$P(X = 1) = C_{20}^{1} .(0,208)^1(0,792)^{19} = 0,0495$$

$$P(X = 2) = C_{20}^{2} .(0,208)^2(0,792)^{18} = 0,1236$$

$$P(X = 3) = C_{20}^{3} .(0,208)^3(0,792)^{17} = 0,1947$$

Logo,

$$\sum_{i=1}^{3} P(X_i), x_0 = 0, \ x_1 = 1, \ x_2 = 2, \ x_3 = 3$$

$$\sum_{i=1}^{3} P(X_i) = 0,3773$$

$$P(X{\geq}4)= 1 - P(X{<}4)= 1 - 0,3773 = \mathbf{0,6227} \text{ ou } \mathbf{62,27\%}$$

Capítulo 7 Probabilidades • **175**

17)A s notas de uma turma são normalmente distribuídas com média 8,0 e desvio-padrão 2. Seleciona-se um aluno desta turma. Calcule a probabilidade de ele ter tirado:

a) Uma nota maior que 9,0;
b) Uma nota menor que 5,0.

Solução:

a)
X= v.a nota de um aluno da turma

$X \sim N(8,0 ; 4)$

$P(X>9,0) = P[Z > (9,0 - 8,0)/2] = P[Z>0,5] = 0,5 - 0,1915 = \textbf{0,3085 ou 30,85\%}$

b)
$X \sim N(8,0 ; 4)$

$P(X<5,0) = P[Z < (5,0 - 8,0)/2] = P[Z<-1,5] = 0,5 - 0,4332 = \textbf{0,0668 ou 6,68\%}$

18) Os pesos de 600 estudantes são normalmente distribuídos com média 65 Kg e desvio-padrão 5 Kg. Determine o número de estudantes que pesam entre 60 e 70 kg.

Solução:

X= v.a peso de um estudante

$X \sim N(65 ; 25)$

$P(60<X<70) = P[(60-65)/5<Z<(70-65)/5] = P[-1<Z<+1] = 0,3413 + 0,3413 = \textbf{0,6826 ou 68,26\%}$

Número de Estudantes que Pesam entre 60 e 70 KG(n);

n= 0,6826 x 600 ≈ **410 estudantes**

19) Suponha que o tempo médio de permanência de estudantes em uma colônia de férias para no final do ano seja 50 dias, com desvio-padrão igual a 10 dias. Se for razoável admitir que o tempo de permanência tem distribuição aproximadamente normal, qual é a probabilidade de um estudante, em férias, permanecer na colônia?

a) Mais de 30 dias
b) Menos de 30 dias.

Solução:

a)

X= v.a tempo de permanência de estudantes na colônia de férias

$X \sim N(50 \; ; \; 100)$

$P(X > 30) = P[Z > (30\text{-}50)/10] = P[Z>\text{-}2,0] = 0,4772+0,5 = $ **0,9772 ou 97,72%**

b)

$P(X < 30) = = P[Z < (30\text{-}50)/10] = P[Z<\text{-}2,0] = 1 - 0,9772 = $ **0,0228 ou 2,28%**

20) O percentual médio de alunos com deficiência visual em 30 escolas de uma cidade é uma variável aleatória com distribuição normal com média 15% com desvio-padrão 4. Qual a probabilidade de uma dada escola selecionada aleatoriamente ter menos de 18% de alunos com deficiência visual?

Capítulo 7 Probabilidades • **177**

Solução:

X= v.a percentual de alunos com deficiência visual

$X \sim N(15\% ; 16)$

P(X<18) = P[Z < (18 − 15)/4] = P[Z<0,75] = 0,5 + 0,2734 = **0,7734 ou 77,34%**

21) Entre alunas, a quantidade de faltas no ano em uma escola é uma variável aleatória com distribuição normal de média 16 faltas e desvio-padrão 1 falta. Calcule a probabilidade de uma aluna apresentar de 14 a 18 faltas em um dado ano.

Solução:

X= v.a quantidade faltas de uma aluna
$X \sim N(16 ; 16)$

P(14<X<18) = P[(14-16)/1< Z < (18 − 16)/1] = P[-2<Z<2] = 0,4772+0,4772= **0,9544 ou 95.44%**

22) Suponha que o tempo médio que os alunos levam para realizar uma redação seja de 50 minutos, com desvio-padrão igual a 10 minutos. Se for razoável pressupor que o tempo que os alunos levam para realizar uma redação tem distribuição aproximadamente normal, qual é a probabilidade de um aluno permanecer fazendo a prova de redação em menos de 30 minutos?

Solução:

X= v.a tempo que os alunos levam para realizar uma redação.
$X \sim N(50 ; 100)$

P(X<30) = P[Z < (30 − 50)/10] = P[Z<-2] = 0,5 - 0,4772 = **0,0228 ou 2,28%.**

Capítulo 8

Inferência Estatística

Aplicação da Inferência Estatística na Educação

Em pesquisa educacional, é comum o investigador optar por levantamentos por amostragem. Neste sentido, depara-se com a produção de inúmeras estatísticas que, na verdade, são estimativas de parâmetros populacionais-alvo de conhecimentos. É fortemente recomendável nestas condições que o analista investigue se suas estimativas são de qualidade, que não são frutos de erros de amostragens fora da especificação, para que possam tomar, com confiança, os parâmetros populacionais pelas respectivas estimativas obtidas na pesquisa educacional e assim realizar-se tomadas de decisão seguras.

Portanto, são muito importantes as aplicações de testes de significância, quando se trabalha com amostras e se objetiva estender os resultados obtidos para a população toda.

Estatística Inferencial

É a parte da Estatística que tem o objetivo de estabelecer técnicas de avaliar se a estimativa obtida junto à amostra é de qualidade, isto é, se está próxima do valor do parâmetro populacional.

É a parte da Estatística que tem o objetivo de estabelecer níveis de confiança da tomada de decisão de associar uma estimativa amostral a um parâmetro populacional de interesse.

A inferência estatística paramétrica utiliza processos estatísticos e probabilísticos para testar a significância de estimativas calculadas em uma amostra aleatória.

Exemplo 1:

Suponha que uma escola de 5000 alunos esteja interessada em conhecer a percentagem de alunos reprovados no final do período letivo. O levantamento por amostragem é o escolhido e, então, seleciona-se uma amostra de 500 alunos e nesta amostra o percentual é de 10%. Este valor é uma estimativa da verdadeira percentagem e cabe à inferência estatística estabelecer testes para decidir se este valor é de qualidade ou não, isto é, não é fruto de erro amostral, **significante.**

Exemplo 2:

Suponha que tivéssemos interesse na nota média dos candidatos de um cargo público. Para investigar o seu valor, optou-se por um estudo por amostragem. Na amostra colhida, verificou-se uma estimativa de 80 pontos de média. Poderemos tomar a verdadeira média (parâmetro populacional) por esta estimativa, desde que ela seja significante.

Exemplo 3:

Suponha um estudo em que se deseje estimar o total de universitários presentes em manifestações públicas de reivindicações de questões de serviços de transporte, educação e saúde. O cálculo da referida estatística é uma estimativa e sua confiança passa necessariamente por um teste de significância.

Divisão da Inferência Estatística:

A Inferência Estatística tem dois problemas básicos:

- *Intervalo de Confiança;*
- *O Teste de Significância.*

Estimação:

Processo inferencial pelo qual se toma o valor de um parâmetro populacional de interesse pelo valor de uma estimativa ou um intervalo de estimativas amostrais considerados.

É lógico que o que se obtém é um valor ou um intervalo de valores que são aproximações do parâmetro populacional desconhecido.

A estimação é muito usada como estágio inicial para a realização de testes de significância.

Estimador:

É uma fórmula, função dos elementos amostrais, usada para a estimação de um parâmetro populacional desconhecido e de interesse. É qualquer função das observações amostrais.

Exemplo:

$\overline{X} = \sum X_i / n$ é um estimador da média populacional μ.

Diz-se:

$\hat{\mu} = \overline{X}$

Estimativa:

É o valor numérico obtido pela aplicação do estimador a uma amostra selecionada.

Exemplo:

Uma amostra de alunos de uma grande turma revelou as notas abaixo na disciplina de Estatística:

$$5, 6, 6, 7$$

Cálculo da estimativa:

$\overline{X}$ = (5+6+6+7)/4=**6** → é uma estimativa da nota média na disciplina de Estatística de toda a turma.

$\hat{\mu} = \textbf{6}$

Tipos de Estimação:

- Estimação Pontual;
- Intervalos de Confiança.

Estimação Pontual:

Quando, a partir de uma amostra, procura-se tomar o valor do parâmetro populacional desconhecido por um único número, geralmente a correspondente estatística amostral.

Exemplo 1:

O exemplo anterior revela uma estimava (X) da média populacional (μ).

Exemplo 2:

Deseja-se tomar a porcentagem de alunos negros em uma dada universidade (π) pela porcentagem de negros calculada em uma amostra convenientemente selecionada (p).

Estimação por Intervalo:

Quando, a partir de uma amostra, procura-se tomar o valor do parâmetro populacional desconhecido por um conjunto ou intervalo de estimativas, intervalo este com alta probabilidade de conter o parâmetro populacional desconhecido.

Exemplo 1:

A seleção para o mestrado em Educação de uma universidade pública envolveu um número recorde de 2000 candidatos. Depois do certame, os organizadores desejavam estimar o rendimento médio dos candidatos pelo intervalo de confiança, que consiste em atribuir ao parâmetro um conjunto de estimativas.

Capítulo 8 Inferência Estatística • **183**

Exemplo 2:

*Deseja-se tomar a porcentagem de alunos negros em uma dada universidade por um intervalo de porcentagens de negros obtido com base na informação de uma amostra aleatória. Assim, a porcentagem de negros deve estar no intervalo de **1%** $\leq\pi$ $\leq$**5%** na universidade, com 95% de certeza.*

Teorema Central do Limite:

A aplicação mais surpreendente da distribuição normal é o *Teorema Central do Limite*. Esse teorema estabelece que não importa qual tipo de distribuição uma população possa ter; desde que o tamanho da amostra seja de pelo menos 30, a distribuição das médias das amostras será normal. Se a população por ela mesma for normal, a distribuição de médias das amostras será normal, não importando o tamanho da amostra.

Exemplo:

A população das taxas de evasão anuais em escolas é dada:

1, 3, 3, 5

Temos que:

$\mu = 3\%$
$\sigma^2 = 2$
$\sigma = \sqrt{2}\ \%$

As = 0, distribuição simétrica, valores populacionais normalmente distribuídos.

Onde:

μ = média populacional.
σ^2 = variância populacional.
σ = desvio-padrão populacional.

Histograma das Taxas de Evasão Populacional

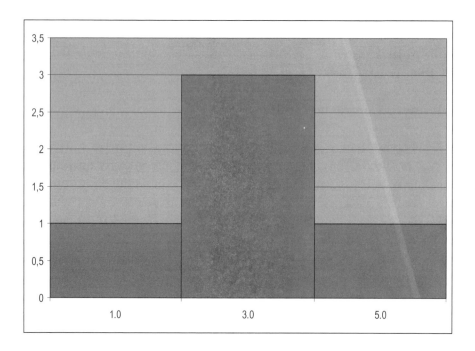

Conclusão:

As taxas de evasão na população de escolas são normalmente distribuídas com média 3% e desvio-padrão √2%.

Pelo **Teorema Central do Limite**, então, a distribuição de estimativas da média populacional terá também distribuição normal.

Vamos obter todas as amostras de tamanho 2, com reposição, desta população, calcular a média de cada amostra, calcular a média das médias e o desvio-padrão das médias, verificar a relação regular que possa existir entre estas estatísticas e os parâmetros populacionais, e por fim mostrar a validade do **Teorema Central do Limite**.

Capítulo 8 Inferência Estatística • 185

Todas as Amostras Possíveis:

(1,1)	(3,1)	(3,1)	(5,1)
(1,3)	(3,3)	(3,3)	(5,3)
(1,3)	(3,3)	(3,3)	(5,3)
(1,5)	(3,5)	(3,5)	(5,5)

Distribuição de Médias de Todas as Amostras Possíveis:
(Distribuição por Amostragem da Média)

1	2	2	3
2	3	3	4
2	3	3	4
3	4	4	5

Cálculo da Média e do Desvio-Padrão da Distribuição por
Amostragem da Média

Médias Amostrais $(\overline{X})$	Frequências (F_i)	$\overline{X}_i F_i$	$\overline{X}_i{}^2 F_i$
1	1	1	1
2	4	8	16
3	6	18	54
4	4	16	64
5	1	5	25
Total	16	48	160

$$E\left(\overline{X}\right) = \frac{48}{16} = 3\%$$

$$V\left(\overline{X}\right) = \frac{160 - \dfrac{(48)^2}{16}}{16} = 1$$

$$S\left(\overline{X}\right) = 1\%$$

Destes resultados podemos tirar as seguintes regularidades:

$$E(\overline{X}) = \mu = 3\%$$

$$V(\overline{X}) = \frac{\sigma^2}{n} = \frac{2}{2} = 1$$

logo

$$S(\overline{X}) = \frac{\sigma}{\sqrt{n}} = \frac{\sqrt{2}}{\sqrt{2}} = 1\%$$

Esta estatística é denominada **erro padrão da média** e designada por $\sigma_{média}$, isto é, no geral, o valor da média populacional μ se diferirá das estimativas geradas (média amostrais) de mais ou menos o valor do erro padrão.

Histograma da Distribuição por Amostragem das Médias

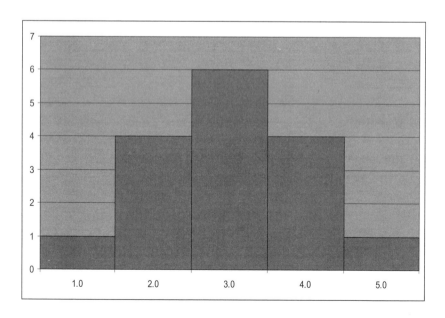

Conclusão:

Como previu o **Teorema Central do Limite**, a distribuição de estimativas da média populacional, distribuição por amostragem da média, segue a distribuição normal, uma vez que a população de valores em que foram geradas também tinha a forma gaussiana.

Portanto, da distribuição por amostragem da média podemos tirar a seguinte relação:

$$\overline{X} \sim N\ (\mu\ ,\ \sigma^2/n\ )$$

A distribuição por amostragem de estimativas é essencial para a teoria da inferência estatística. A relação dada, por exemplo, forma a base para a construção de intervalos de confiança e realização de testes de significâncias que serão expostos nas próximas seções deste capítulo.

Conceito de Intervalos de Confiança:

Para se ter confiança de estimar o verdadeiro parâmetro populacional, gera-se um intervalo de possíveis valores para o parâmetro populacional, a partir do valor encontrado da amostra.

Intervalo de Confiança, ao contrário da estimativa pontual, estabelece um conjunto de estimativas para o parâmetro e objetiva informar sobre o valor do mesmo, com maior confiança.

Quanto maior a amplitude do intervalo, maior a confiança (probabilidade) de estimar corretamente o verdadeiro valor do parâmetro populacional.

Uma estimação intervalar que envolva um erro-padrão grande precisará de um número maior de estimativas para o parâmetro do que um estudo intervalar que envolva estimativas para o erro-padrão menor. Portanto, a amplitude do intervalo de confinação é diretamente proporcional ao nível de confiança desejado na estimação e no erro-padrão da estimativa.

Exemplo:

Na estimação da média populacional μ, quanto maior a amplitude do intervalo de confiança e maior o erro-padrão, maior a segurança que se terá na estimação através de um conjunto de estimativas de médias amostrais.

Confiança e Nível de Significância

Nível de confiança é a probabilidade de o intervalo conter o parâmetro populacional de interesse. Essa probabilidade é designada por β.

Nível de significância é a probabilidade de o intervalo não conter o parâmetro populacional de interesse, e é chamado de α, que é igual a 1- β.

As confianças mais utilizadas são **90%, 95% e 99%.** Consequentemente, os níveis de significância mais utilizados são: **10%, 5% e 1%**.

Nos exemplos e exercícios propostos neste livro, quando não se indicar, o nível de significância a ser adotado é de **5%**.

Expressão dos Intervalos de Confiança:

Sabemos que a amplitude do intervalo de confiança, isto é, o conjunto de estimativas que informam sobre o parâmetro, é diretamente proporcional à confiança estabelecida e ao erro-padrão das estimativas do parâmetro. O intervalo de confiança construído é um balanço dessas especificações.

Um intervalo de confiança é construído em torno de uma estimativa pontual, com base na confiança desejada, no erro-padrão e no modelo de probabilidade acerca do conjunto de milhares possíveis estimativas do parâmetro, denominada distribuição por amostragem da estimativa.

Operando-se matematicamente os fatores considerados na construção dos intervalos de confiança, podemos ter disponíveis fórrmulas que possibilitam a estimação intervalar de parâmetros. É o que vamos estudar nas próximas seções.

Intervalo de Confiança para a Média μ, quando σ é conhecido:

Quando a variável populacional for normal, a distribuição amostral da média será normal e o intervalo de confiança para média, como já havíamos demonstrado em parágrafos anteriores, será:

$$\overline{x} - z\,(\sigma/\sqrt{n}) < \mu < \overline{x} + z\,(\sigma/\sqrt{n})$$

Exemplo:

As notas das turmas de cálculo têm desvio-padrão histórico 10. Uma amostra aleatória de 25 alunos revelou uma média de 5,0. Construir um intervalo de confiança para a nota média de toda turma com uma confiança de 95%.

Solução: Obtenção de Z:

95% → tabela da normal padrão → procurar no miolo da tabela a área de 0,95/2= 0,4750, logo **Z = 1,96.**

Intervalo de Confiança:

$$5 - 1,96.(\ 10/\sqrt{25}) < \mu < 5 + 1,96\ .(\ 10/\sqrt{25})$$

$$5 - 4 < \mu < 5 + 4$$

$$\mathbf{1 < \mu < 9}$$

Conclusão:

A nota média da turma deve estar entre 1 e 9, com uma certeza de 95%.

Intervalo de Confiança para a Média μ, quando σ é Desconhecido, mas o Tamanho da Amostra é Grande, n ≥30:

É demonstrável estatisticamente que quando o desvio-padrão populacional for desconhecido, não podemos garantir o modelo da normal padrão à distribuição por amostragem da média, pois o que se tem disponível, associado à distribuição amostral da média, é o desvio-padrão amostral S. Contudo, ainda neste caso, podemos aceitar a hipótese da normalidade da distribuição amostral da média, pelo ***Teorema Central do Limite***.

Assim:

$$\overline{X} - z\ (S/\sqrt{n}) < \mu < \overline{X} + z\ (S/\sqrt{n})$$

190 • Estatística Aplicada à Educação com Abordagem além da Análise Descritiva

Exemplo:

Selecionou-se uma amostra aleatória de 36 alunos que revelou uma média de 5,0, com desvio-padrão 3. Construir um intervalo de confiança para a nota média de toda turma com uma confiança de 95%.

Solução: Obtenção de Z:

95% → tabela da normal padrão → procurar no miolo da tabela a área de 0,95/2= 0,4750, logo **Z = 1,96.**

Intervalo de Confiança:

$$5 - 1,96.(3/\sqrt{36}) < \mu < 5 + 1,96 .(3/\sqrt{36})$$

$$5 - 1 < \mu < 5 + 1$$

$$\mathbf{4 < \mu < 6}$$

Conclusão:

A nota média da turma deve estar entre 4 e 6, com uma certeza de 95%.

Intervalo de Confiança para a Proporção π:

Neste caso, a rigor, a distribuição por amostragem da proporção **p** não é normal e sim binomial. Para garantir a normalidade desta distribuição amostral, é necessário que utilizemos amostras aleatórias grandes, **n ≥ 30**, e invocar a teoria do ***Teorema Central do Limite***:

$$\mathbf{P - Z\sqrt{pq/n} < \pi < P + Z\sqrt{pq/n}}$$

Exemplo:

Um pesquisador educacional deseja conhecer o percentual de reprovação nos cursos de ciências humanas numa universidade, utilizando um

Capítulo 8 Inferência Estatística • **191**

processo de estimação. Foi selecionada uma amostra aleatória de 36 alunos e constatada uma estimativa pontual de 10%. Construa um intervalo de confiança de 95% para a verdadeira porcentagem de reprovação nos cursos de ciências humanas na universidade.

Solução:

$$0,10-1,96\sqrt{0,10.0,90}/36 < \pi < 0,10+1,96\sqrt{0,10.0,90}/36$$

$$0,10-0,05 < \pi < 0,10+0,05$$

$$\mathbf{0,05 < \pi < 0,15}$$

Conclusão:

A verdadeira porcentagem de reprovação nos cursos de ciências humanas deve estar entre 5% e 15%, com 95% de confiança.

Conceito de Testes de Significância:

É a parte mais importante de um processo inferencial. Todo estudo com levantamento por amostragem que mereça crédito deve realizar testes de significância de estimativas geradas.

Teste de significância é uma prova estatística que testa se uma estatística amostral é uma estimativa de qualidade, isto é, significante, do parâmetro populacional de interesse, refletindo uma nova realidade para o valor descritivo populacional, contrariando uma hipótese para o mesmo, tradicional, formulado como hipótese básica.

Exemplo de um Problema de Teste de Significância:

"Um pesquisador educacional desconfia de que a satisfação média dos alunos de uma faculdade com os professores não é mais 3,0, numa escala de 0 a 5. Ele selecionou uma amostra aleatoriamente do cadastro da escola de 10.000 alunos, na qual calculou a média de satisfação que resultou em 3,2, com desvio-padrão 10. O pesquisador suspeita, então, que o nível médio de satisfação possa ter aumentado. Ele atribui a uma nova estratégia didática moderna, orientada aos professores, o possível aumento no nível médio de satisfação. Para confirmar suas suspeitas, ele realiza um teste de significância do resultado 3,2 de satisfação."

Raciocínio de Testes de Significância:

A estimativa fornecida pela amostra apoia a hipótese formulada ou realmente confirma uma hipótese alternativa? É possível uma população com parâmetro com o valor da hipótese nula gerar muitas estimativas com o valor a que foi selecionada pela amostra disponível? Se a estimativa amostral é improvável de ser obtida quando a hipótese nula é verdadeira, ela fornece evidência contrária ao valor desta hipótese.

Formas de Apresentar as Hipóteses:

Para se realizar um teste de significância de estimativas, o analista deve ter uma premissa *a priori* acerca do valor do parâmetro que possa ser confrontada com a estimativa calculada. Portanto, surgem duas hipóteses a serem testadas.

A hipótese nula é a premissa que se tem sobre o valor do parâmetro *a priori*. A hipótese alternativa é a premissa que se tem sobre o valor da estimativa, calculada em uma amostra particular.

Formalmente, as hipóteses de um teste de significância são formuladas da seguinte maneira:

H_0: *hipótese nula ou hipótese básica, que será aceita ou rejeitada.*
H_1: *hipótese alternativa, que será automaticamente aceita caso H_0 seja rejeitada.*

Exemplo:

$$H_0 : \theta = \theta_0$$
$$H_1 : \theta = \theta_0$$

$\theta \rightarrow$ parâmetro populacional desconhecido(μ, σ, π).

$\theta_0 \rightarrow$ um valor atribuído a θ por hipótese. Também é chamado simplesmente de hipótese nula.

Exemplo:

O valor médio histórico do coeficiente de rendimento de alunos de graduação em estatística é 5,5. Uma amostra de 500 alunos de estatística revelou uma média de 7,0. O coeficiente de rendimento dos alunos de estatística aumentou ou a estimativa que se encontrou na amostra é fruto de erro amostral, não significante?

As hipóteses do problema, então, seriam:

H_0 : μ=5,5

H_1 : μ >5,5

O valor da hipótese nula é 5,5. O valor da hipótese alternativa é 7,0, que pode estar revelando, à luz do teste de significância, uma nova realidade para o parâmetro.

Decisões Possíveis de um Teste de Significância

Na prática, a hipótese alternativa é formulada com base na evidência da estimativa obtida junto à amostra, ou seja, no geral, a informação amostral parece, inicialmente, apoiar a hipótese alternativa.

Em teste de significância a decisão é sempre com relação à hipótese nula. É ela que será aceita ou rejeitada.

Caso a **hipótese nula seja aceita**, isto implica que o resultado encontrado na amostra em particular, a estimativa, é fruto de erro amostral ou. em termos técnicos, é **não significante.**

Caso a **hipótese nula seja rejeitada**, isto implica a confirmação do apoio da informação amostral à hipótese alternativa e se diz que o resultado encontrado na amostra é **significante.**

Portanto, só tem sentido realizar testes de significância se o resultado amostral contrariar a hipótese nula. Os testes de significâncias são realizados para se comprovar se a oposição à hipótese nula é fruto de erro amostral ou é uma nova realidade que se apresenta.

Tipos de Testes de Significância:

1ª) Teste Bilateral

H_0: $\theta = \theta_0$
H_1: $\theta \neq \theta_0$

Exemplo:

H_0: $\mu = 8,0$
H_1: $\mu \neq 8,0$

2ª) Teste Unilateral à Direita

H_0: $\theta = \theta_0$
H_1: $\theta > \theta_0$

Exemplo:

H_0: $\mu = 8,0$
H_1: $\mu > 8,0$

3ª) Teste Unilateral à Esquerda

H_0: $\theta = \theta_0$
H_1: $\theta < \theta_0$

Exemplo:

H_0: $\mu = 8,0$
H_1: $\mu < 8,0$

Técnicas de Realização de Testes de Significância:

Para testar significância de estimativas, existem as alternativas do intervalo confiança e do valor-p. Os testes de significância pelo valor-p e

Capítulo 8 Inferência Estatística • 195

pelo intervalo de confiança são os mais usuais atualmente na área da pesquisa estatística, nesta ordem.

Teste de Significância Utilizando o Intervalo de Confiança:

Calculando o intervalo de confiança, ele pode ser usado imediatamente, sem qualquer outro cálculo, para testar qualquer hipótese.

O intervalo de confiança pode ser encarado como um conjunto de hipóteses aceitáveis.

Qualquer hipótese H_0 que esteja fora do intervalo de confiança deve ser rejeitada. Por outro lado, qualquer hipótese que esteja dentro do intervalo de confiança deve ser aceita.

Exemplo:

"Um pesquisador educacional desconfia de que a satisfação média dos alunos de uma faculdade com os professores não é mais 3,0, numa escala de 0 a 5. Ele selecionou uma amostra aleatoriamente do cadastro da escola de 10.000 alunos, na qual calculou a média de satisfação que resultou em 3,2, com desvio-padrão 10. O pesquisador suspeita, então, que o nível médio de satisfação possa ter aumentado. Ele atribui a uma nova estratégia didática moderna, orientada aos professores, o possível aumento no nível médio de satisfação. Para confirmar suas suspeitas, ele realiza um teste de significância do resultado 3,2 de satisfação."

Formulação das Hipóteses:

$H_0 : \mu = 3,0$
$H_1 : \mu \neq 3,0$

Intervalo de Confiança:

$$3,2 - 1,96. \ 0,1 \leq \mu \leq 3,2 + 1,96. \ 0,1$$
$$3,2 - 0,196 \leq \mu \leq 3,2 + 0,196$$
$$\mathbf{3,004 \leq \mu \leq 3,396}$$

Decisão:

3,0 está fora do intervalo de confiança, portanto a hipótese nula deve ser rejeitada, isto é, a nova metodologia didática surtiu efeito, como indicava inicialmente a informação amostral. O nível médio de satisfação aumentou com uma probabilidade de 95%. A média de satisfação 3,2 é significante.

Conceito de Valor-p:

É a medição da chance de ser possível uma estimativa pontual, obtida de uma amostra aleatória, ter sido selecionada de uma população com o valor da hipótese nula.

É o grau de confiança que a informação amostral dá à hipótese formulada. É uma medida de credibilidade de H_0.

Cálculo do Valor-p:

Basta calcular a probabilidade de uma dada estimativa ter provindo de uma população com valor descritivo indicado na hipótese nula.

É a probabilidade de a estimativa obtida junto à amostra ser tão grande ou tão pequena quanto ao valor calculado na amostra, considerando o valor estipulado para a hipótese nula verdadeiro.

Exemplo:

O valor-p toma a forma para teste de significância de μ:

$$P\left(Z > ou < \frac{\overline{X} - \mu_0}{\sigma / \sqrt{n}} \right)$$

Os testes de significância de outras estimativas seguem raciocínio análogo de cálculo.

Exemplo:

Do exemplo anterior da satisfação de alunos com professores:

*Valor-p= P[Z>(3,2-3,0)/0,1)] = P[z>2,0] = 0,5 − 0,4772 = **0,0228 ou** 2,28%.*

Utilizando o Valor-p para Testar μ, quando σ é conhecido:

O valor-p será calculado através da fórmula:

$$Valor - p = P\left(Z \geq ou \leq \frac{\overline{X} - \mu_0}{\sigma / \sqrt{n}} \right)$$

Teste Unilateral à Esquerda:

$$Valor - p = P\left(Z \leq \frac{\overline{X} - \mu_0}{\sigma / \sqrt{n}} \right)$$

Teste Unilateral à Direita:

$$Valor - p = P\left(Z \geq \frac{\overline{X} - \mu_0}{\sigma / \sqrt{n}} \right)$$

Teste Bilateral:

O valor-p bilateral é calculado multiplicando por dois o valor-p unilateral.

Exemplo 1:

*Um exemplo de **valor-p unilateral à direita** pode ser o da satisfação de alunos com professor, cujo valor foi de **2,28%**.*

198 • Estatística Aplicada à Educação com Abordagem além da Análise Descritiva

Exemplo 2:

Do exemplo anterior da satisfação de alunos com professores:

O valor-p unilateral calculado foi de 0,0228 ou 2,28%. O dobro deste valor é **0,0456** *ou* **4,56%**. *Este é o* **valor-p bilateral**.

Critério de Decisão ou Regra de Significância Estatística:

O nível de significância α pode ser tomado como valor máximo tolerável para considerar a hipótese nula como baixa. Então, se o valor-p for menor do que α, rejeita-se H_0 e o resultado é significante para a estimativa calculada na amostra.

$$\text{Valor-p} \leq \alpha, \text{ rejeita-se } H_0.$$

Exemplo:

A decisão do exemplo anterior da satisfação de alunos com professores, pelo valor-p, considerando o teste bilateral:

Decisão:

Como o **valor-p (4,56%)** *<* **5,00%**, *rejeita-se a hipótese nula e toma-se a estimativa encontrada na amostra como significante.*

Observação:

O critério teórico de considerar um valor-p como baixo é relativo. Depende do nível de significância adotado. Por isso, o valor-p, por si só, pode ser tomado independente de qualquer outro comparativo do nível de credibilidade da hipótese nula, isto é, para aceitar ou rejeitar H_0.

Capítulo 8 Inferência Estatística • **199**

Exemplo:

Um resultado com valor-p=0,03 é significante no nível α *=0,05, mas não é significante no nível de* α *=0,01. Mas 3% de credibilidade de uma hipótese nula são relativamente baixos e pode ser tomada a decisão, independente do valor de* α, *de rejeitar a hipótese nula.*

Vejamos outros exemplos de testes de significância para a média populacional μ.

Exemplo:

Uma instituição privada de nível superior constatou que no período de 1986 a 1995 o volume médio anual de evasão escolar ficava na ordem de 200 alunos. Contudo, o pesquisador educacional observou que, fixando uma amostra dos últimos 16 anos, o volume médio de evasões ficou em torno de 198 alunos. O pesquisador suspeita, então, que o volume médio de evasões possa ter caído nos últimos anos. Os fatores podem ser a diminuição do valor da mensalidade dos cursos de graduação e incentivos do governo federal com financiamentos estudantis. O desvio-padrão das evasões é de 4 alunos anualmente. Teste as suspeitas dos educadores de um nível de significância de 1%.

Formulação das Hipóteses:

$H_0 : \mu = 200$
$H_1 : \mu < 200$

Valor-p:

$$Valor - p = P\left(Z \le \frac{\overline{X} - \mu_0}{\sigma / \sqrt{n}} \right)$$

$$Valor - p = P\left(Z \le \frac{198 - 200}{4 / \sqrt{16}} \right)$$

Valor-p = $P(Z \le -2,0) = 0,5 - 0,4772 = \mathbf{0,0228}$ ou **2,28%**

Decisão:

2,28%>1%, H_0 não pode ser rejeitada a este nível de significância. A credibilidade de H_0 é alta. As suspeitas dos educadores são infundáveis: o volume médio de evasões continua o mesmo, não há indícios suficientes de queda apesar do contexto positivo. O volume médio de evasões de 198 anuais é não significante.

Utilizando o Valor-p para Testar μ, quando σ é Desconhecido, mas n≥30:

O valor –p continua sendo calculado pela curva normal, somente no lugar de σ usa-se S.

Exemplo:

Uma instituição privada de nível superior constatou que no período de 1986 a 1995 o volume médio anual de evasão escolar ficava na ordem de 200 alunos. Contudo, o pesquisador educacional observou que, fixando uma amostra dos últimos 16 anos, o volume médio de evasões ficou em torno de 198 alunos com desvio-padrão de 12 alunos. O pesquisador suspeita, então, que o volume médio de evasões possa ter caído nos últimos anos. Os fatores podem ser a diminuição do valor da mensalidade dos cursos de graduação e incentivos do governo federal com financiamentos estudantis. Teste as suspeitas dos educadores de um nível de significância de 1%.

Formulação das Hipóteses:

$H_0 : \mu = 200$

$H_1 : \mu < 200$

Capítulo 8 Inferência Estatística • **201**

Valor-p:

$$Valor - p = P\left(Z \leq \frac{\overline{X} - \mu_0}{S/\sqrt{n}} \right)$$

$$Valor - p = P\left(\leq \frac{198 - 200}{12/\sqrt{36}} \right)$$

Valor-p =$P(Z \leq -1,0) = 0,5 - 0,3413 = $ **0,1587** ou **15,87%**

Decisão:

15,85%>1%, H_0 não pode ser rejeitada a este nível de significância. A credibilidade de H_0 é alta. As suspeitas dos educadores são infundáveis: o volume médio de evasões continua o mesmo, não há indícios suficientes de queda apesar do contexto positivo. O volume médio de evasões de 198 anuais é não significante.

Teste para a Proporção Populacional π (n ≥ 30):

O **valor-p** será obtido através da seguinte expressão:

$$Valor - p = P\left(Z > ou < \frac{p - \pi_0}{\sqrt{\left[\pi_0 \left(1 - \pi_0\right) \right]/n}} \right)$$

Exemplo:

Uma pesquisadora acredita que a percentagem de egressos da faculdade em que trabalha que se inseriram no mercado de trabalho seja da ordem de 80%. Uma amostra aleatória de 4 egressos foi localizada e constatou-se uma estimativa de 50% de egressos economicamente ativos. Admitindo a normalidade das estimativas das proporções, teste a significância da estimativa obtida junto à amostra selecionada, pelo valor-p, ao nível de 95% de confiança.

Solução:

Formulação da Hipótese:

$H_0 : \pi = 0,80$

$H_1 : \pi < 0,80$

Valor-p:

$$Valor - p = P\left(Z < \frac{p - \pi_0}{\sqrt{\left[\pi_0 \left(1 - \pi_0 \right) \right] / n}} \right)$$

$$Valor - p = P\left(Z < \frac{0,50 - 0,80}{\sqrt{\left[\left(0,80.0,20 / 4 \right) \right]}} \right)$$

Valor-p =[Z< -1,5]= 0,5 – 0,4332 = **0,0668 ou 6,68%.**

Decisão:

Valor-p=6,68%>5%, aceita-se a hipótese nula. O percentual de egressos da universidade que se colocaram no mercado de trabalho deve ser mesmo de 80%. A estimativa de 50% para este percentual é não significante.

Teste do Qui-quadrado:

Quando foram apresentadas as *Tabelas de Contingência*, nos deparamos com uma medida de associação que era o *Coeficiente de Contingência*. Se ele tiver sido calculado numa amostra, é fortemente recomendável que investiguemos se ele é uma boa estimativa do verdadeiro parâmetro populacional da associação de duas variáveis qualitativas nominais. É necessário, portanto, realizar o **Teste de Significância de C**, que é o *Teste do Qui-qudrado*.

Capítulo 8 Inferência Estatística • **203**

O qui-quadrado é uma variável aleatória, sempre positiva (é uma medida ao quadrado), e cujo modelo estocástico segue uma distribuição de probabilidades assimétrica denominada **Distribuição do Qui-qudrado**. A *Tabela do Qui-quadrado*, que serve para realizar o teste, segue anexa.

Teste de Significância de C:

O coeficiente de contingência C está relacionado com a distribuição do qui-quadrado (χ^2) para tabela *2x2*, dada pela expressão a seguir:

$$\chi^2 = (\mathbf{n})\mathbf{C}^2$$

Esta última expressão é utilizada para o Teste de Significância de C com $\Phi = 1$ grau de liberdade. O grau de liberdade é uma grandeza que está associada sempre a uma distribuição de probabilidades dependente de uma variável aleatória. Para obter o valor–p, basta ir à linha 1 do grau de liberdade e procurar o escore mais próximo do valor de χ^2. No cabeçalho da probabilidade α, o valor-p será duas vezes (o qui-quadrado não é uma distribuição simétrica) a probabilidade associada ao escore mais próximo do valor do χ^2. Para decisão, considera-se o valor do *Coeficiente de Contingência* da amostra significante quando o valor-p é menor ou igual ao nível de significância α.

Exemplo 1:

Do exemplo da turma de quinta série do ensino fundamental de uma escola, ao final do período ano letivo, do capítulo 8, poderemos ter a seguinte tabela de contingência.

Sexo (X)	Resultado (Y)		Total
	Aprovado	Reprovado	
Masculino	9	2	11
Feminino	3	6	9
Total	12	8	20

Do capítulo 8, temos:
C = 0,49

$$\chi^2 = (n)C^2$$

$$\chi^2 = 20 . (0,49)2 = 4,8$$

$$\Phi = 1 \rightarrow \text{valor-p} = 2 \times 0,025 = 0,05 \text{ ou } 5\%$$

Decisão:

Valor-p = α, logo temos que o coeficiente de contingência amostral é significante.

Erro do Tipo I, do Tipo II e Potência do Teste

- *Podemos descrever o desempenho de um teste em um nível fixo fornecendo as probabilidades dos dois tipos de erro: Tipo I e Tipo II.*
- *Um erro do Tipo I ocorre se rejeitarmos H_0, quando ela é verdadeira.*
- *A Potência de um teste é a probabilidade de rejeitar a hipótese nula quando ele é falsa e por isso mesmo deve ser rejeitada.*
- *Um erro do Tipo II ocorre se aceitarmos H_0 quando ela é falsa (é igual a* **"1 – Potência"**).
- *Em um teste de significância de nível fixo, o nível de significância é a probabilidade de um erro do Tipo I.*
- *No exemplo anterior, do "teor de doçura do refrigerante", o teste irá indicar que o refrigerante perde doçura apenas 5% das vezes quando na verdade não perde (Erro do Tipo I: $\alpha = 0,05$).*
- *A potência contra uma alternativa específica é 1, menos a probabilidade de um erro do Tipo II, para aquela alternativa.*
- *Aumentar o tamanho da amostra (n) aumenta a potência (reduz a probabilidade de um erro de Tipo II), quando o nível de significância permanece fixo.*
- *Nos casos precedentes, nos preocupamos apenas com o controle do erro Tipo I. Os testes realizados com este objetivo são chamados de Testes de Significância.*
- *Quando nos preocupamos também com o erro do Tipo II e seu controle, os testes passam a se chamar Testes de Hipóteses.*

Capítulo 8 Inferência Estatística • 205

Atividades Propostas

1) Um pesquisador educacional deseja estimar a nota média das Instituições de Ensino Superior que participaram do ENADE 2010 (Índice Geral de Cursos-IGC). Para tanto, seleciona aleatoriamente 25 instituições das que participaram da avaliação e a nota média resultante foi 3,5. Sabe-se que o desvio-padrão das notas médias de todas as instituições que participaram do ENADE 2009 foi de 0,5. Construir um intervalo de confiança de 95% para a nota média das instituições que participaram do ENADE 2010.

Solução:

$$\overline{x} - Z(\sigma/\sqrt{n}) \leq \mu \leq \overline{x} + Z(\sigma/\sqrt{n})$$

$$3,5 - 1,96(0,5/\sqrt{25}) \leq \mu \leq 3,5 + 1,96(0,5/\sqrt{25})$$

$$3,5 - 0,2 \leq \mu \leq 3,5 + 0,2$$

$$\mathbf{3,3 \leq \mu \leq 3,7}$$

2) Deseja-se estimar o coeficiente de rendimento dos alunos do curso de direito de uma grande universidade. Foi selecionada, ao acaso, uma amostra de 100 alunos do referido curso e nesta amostra o coeficiente médio de rendimento foi de 7,5, com um desvio-padrão de 0,5. Construir um intervalo de confiança de 95% para a média do coeficiente de rendimento de todos os alunos de direito desta universidade.

Solução:

$$\overline{X} - Z(S/\sqrt{n}) \leq \mu \leq \overline{X} + Z(S/\sqrt{n})$$

$$7,5 - 1,96(0,5/\sqrt{100}) \leq \mu \leq 7,5 + 1,96(0,5/\sqrt{100})$$

$$7,5 - 0,1 \leq \mu \leq 7,5 + 0,1$$

$$\mathbf{7,4 \leq \mu \leq 7,6}$$

206 • Estatística Aplicada à Educação com Abordagem além da Análise Descritiva

3) O MEC deseja estimar a proporção de faculdades e universidades com nota abaixo de 3 no ENADE 2011. No processo de estimação, coletou uma amostra aleatória de 300 instituições que participaram da avaliação neste ano e constatou uma proporção de 30%. Construa um intervalo de confiança de 95% para a verdadeira porcentagem de centros universitários e faculdades com nota baixa no ENADE 2011.

Solução:

$$P - Z (\sqrt{pq/n}) \leq \pi \leq P + Z (\sqrt{pq/n})$$

$$0{,}30{-}1{,}96(\sqrt{0{,}30 \text{x} 0{,}70/300}) \leq \pi \leq 0{,}30{+}1{,}96 (\sqrt{0{,}30 \text{x} 0{,}70/300})$$

$$0{,}30{-}0{,}05 \leq \pi \leq 0{,}30{+}0{,}05$$

$$0{,}25 \leq \pi \leq 0{,}35$$

25% $\leq \pi \leq$ 35%

4) Um pesquisador educacional deseja testar a significância da nota média das Instituições de Ensino Superior que participaram do ENADE 2010 (Índice Geral de Cursos- IGC), quando selecionou uma amostra aleatória de 25 instituições das que participaram da avaliação e a nota média resultante foi 3,5. Sabe-se que o desvio-padrão das notas médias de todas as instituições que participaram do ENADE 2009 foi de 0,5. Testar a significância da média amostral para uma hipótese nula de 3,0, pelo valor-p.

Solução:

Formulação das Hipóteses:

$H_0: \mu = 3{,}0$

$H_1: \mu > 3{,}0$

Valor-P:

Valor-p = P[Z≥($\overline{X}$ - μ_0) /σ /√n]

Valor-p = P[Z≥ (3,5 - 3,0) / 0,5/√25]

Valor-p = P[Z≥ 5,0] = 0,5 – 0,5 = **0,000**

Decisão:

A credibilidade da hipótese nula é zero. portanto deve ser rejeitada. A estimativa de 3,5 é significante, ao nível de 5%.

5) Deseja-se testar a significância do coeficiente de rendimento dos alunos do curso de direito de uma grande universidade obtido em uma amostra em que foram selecionados, ao acaso, 100 alunos do referido curso e nesta amostra o coeficiente médio de rendimento foi de 7,5, com um desvio-padrão de 0,5. Testar a significância da estimativa para uma hipótese nula de 8,0, pelo valor-p, com uma confiança de 95%.

Solução:

Formulação das Hipóteses:

H_0: μ = 8,0

H_1: μ < 8,0

Valor-p:

Valor-p = P[Z≤($\overline{X}$ - μ_0) / S/√n]

Valor-p = P[Z≤(7,5 - 8,0) / 0,5/√100]

Valor-p = P[Z≤ -10,0] = 0,5 – 0,5 = **0,000**

Decisão:

Como 0,000 < 0,05, rejeita-se H_0. A credibilidade de H_0 é baixa. O coeficiente médio de rendimento amostral de 7,5 é significante.

6) O coordenador do vestibular de uma universidade desconfia de que a nota média dos candidatos ao vestibular do curso de Letras em redação, numa escala de 0 a 10 pontos, se alterou, não é mais de 8,0 pontos, isto é, diminuiu, uma vez que, ao coletar uma amostra de seus 36 candidatos, a nota média amostral resultou em 6,0 pontos. Sabendo que o desvio-padrão populacional é conhecido e igual a 6,0 pontos, realize um teste de significância da nota média amostral, ao nível de 5% de significância, pelo valor-p.

Formulação das Hipóteses:

H_0: $\mu = 8,0$
H_1: $\mu < 8,0$

Valor-p:

Valor-p = P[$Z \leq (\overline{X} - \mu_0) / S/\sqrt{n}$]

Valor-p = P[$Z \leq (6,0 - 8,0) / 6,0/\sqrt{36}$]

Valor-p = P[$Z \leq (-2,0) / 6,0/6,0$]

Valor-p = P[Z≤ -2,0] = 0,50 – 0,4772 = **0,0228 ou 2,28%**

Decisão:

2,28% < 5%, rejeita-se H_0. A credibilidade de H_0 é baixa. A nota média amostral é significante. A desconfiança do coordenador do vestibular tem sentido. A nota média dos candidatos ao vestibular do curso de Letras em redação diminuiu.

Capítulo 8 Inferência Estatística • **209**

7) Em uma amostra aleatória de 100 candidatos, foi constatado um percentual de faltas num concurso para o magistério estadual de 7%. Mas os organizadores atestam que na verdade este percentual deve ser ainda maior, em torno de 10%. Teste a suspeita dos organizadores ao nível de 5% de significância, pelo valor-p.

Solução:

Formulação das Hipóteses:

H_0: $\pi = 0,10$

H_1: $\pi < 0,10$

Valor-p:

Valor-p = P[$Z \le (p - \pi_0) / (\sqrt{\pi_0(1- \pi_0)}/ n)$]

Valor-p = P[$Z \le (0,07 - 0,10) /\sqrt{(0,10 \times 0,90/100)}$]

Valor-p = P[$Z \le (-0,03) / (0,03)$]

Valor-p = P[$Z \le -1,0$] = $0,5 - 0,3413$ = **0,1587 ou 15,87%**

Decisão:

15,87%>5%, aceita-se H_0. As suspeitas dos organizadores têm fundamento. Há evidências de que na verdade o percentual de faltas no concurso deve ser realmente maior, em torno de 10%.

8) Foi realizada uma pesquisa educacional por amostragem, envolvendo 256 cursos (dentre especializações, mestrados e doutorados), e um dos objetivos era estimar pelo intervalo de confiança de 95% a densidade média aluno/docente dos cursos de pós-graduação em educação em um país. O resultado da amostra apontou uma densidade aluno/docente de 40, com um desvio-padrão 4. Os educadores, porém, têm uma hipótese de

210 • Estatística Aplicada à Educação com Abordagem além da Análise Descritiva

pesquisa de que a densidade aluno/docente média de todos os cursos de pós-graduação em educação deve ser menor e estar em torno de 30 alunos para cada docente. Teste a hipótese dos educadores aproveitando o intervalo de confiança utilizado na pesquisa.

Solução:

Formulação das Hipóteses:

$H_0: \mu = 30$

$H_1: \mu \neq 30$

Pelo Intervalo de Confiança:

$\overline{X} - Z(S/\sqrt{n}) \leq \mu \leq \overline{X} + Z(S/\sqrt{n})$

$40 - 1,96(4/\sqrt{256}) \leq \mu \leq 40 + 1,96(9/\sqrt{256})$

$40 - 0,49 \leq \mu \leq 40 + 0,49$

$39,51 \leq \mu \leq 40,49$

Decisão:

Como 30 está fora do intervalo de confiança, rejeita-se H_0. A densidade média aluno/docente dos cursos de pós-graduação em educação no país investigado aponta para um valor maior que 30 alunos por professor; em torno de 40 alunos por docente, como apontou a amostra.

9) Uma pesquisa tem como objetivo conhecer a proporção de alunos que sofrem *bullying* em escolas num país. Uma amostra de 400 alunos apontou uma estimativa de 32% para a percentagem. Com base no intervalo de confiança de 95%, teste a hipótese de que a verdadeira proporção deva estar em torno de 20%.

Capítulo 8 Inferência Estatística • **211**

Solução:
Formulação das Hipóteses:

$H_0: \pi = 0,20$

$H_1: \pi \neq 0,20$

Pelo Intervalo de Confiança:

$P - Z\ [\sqrt{\pi_0(1-\pi_0)}/n] \leq \pi \leq P + Z\ [\sqrt{\pi_0(1-\pi_0)}/n]$

$0,32 - 1,96(\sqrt{0,20 \times 0,80}/400) \leq \pi \leq 0,32 + 1,96\ (\sqrt{0,20 \times 0,80}/400)$

$0,32 - 0,04 \leq \pi \leq 0,32 + 0,04$

$0,28 \leq \pi \leq 0,36$

28% $\leq \pi \leq$ 36%.

Decisão:

Como a hipótese nula está fora do intervalo de confiança, ela deve ser rejeitada. A proporção de alunos que sofrem *bullying* em escolas é maior que 20%, em torno realmente de 32%, como evidencia a estimativa da amostra.

10) Psicopedagogos afirmam que o quociente de inteligência de estudantes do ensino fundamental e médio no país está em torno de 100. Um *survey* educacional foi realizado com 10.000 alunos do ensino fundamental e médio e estimou-se uma média de quociente de inteligência de 110 com desvio-padrão 400. Na verdade, o quociente de inteligência dos alunos investigados é diferente de 100? Teste a hipótese pelo valor-p com uma confiança de 95%.

Solução:

Formulação das Hipóteses:

$H_0: \mu = 100$

$H_1: \mu \neq 100$

Valor-p:

Valor-p Unilateral:

Valor-p = P[Z≥ ($\overline{X}$ - μ_0) / S/√n]
Valor-p = P[Z≥ (110 - 100) / 400/√10000]
Valor-p = P[Z≥ (10) / 4]
Valor-p = P[Z≥ 2,5] = 0,50 − 0,4938= **0,0062**

Valor-p Bilateral:

Valor-p = 2 x 0,0062 = **0,0124** ou **1,24%.**

Decisão:

1,24% < 5%, rejeita-se H_0. A credibilidade da hipótese nula é baixa. Na verdade, o quociente de inteligência dos alunos investigados é diferente de 100. A estimativa de 110 para o QI de alunos do ensino fundamental e médio neste país é significante.

11) Uma pesquisa foi realizada por uma agência de *marketing* para crianças para saber se o uso prolongado de *tablet* pode prejudicar o seu aprendizado. Segundo os dados coletados no final de 2011, com 2.200 pais e crianças nos Estados Unidos e Reino Unido, **77%** dos pais acreditam que a experiência dos filhos com o *tablet* ajuda-nos a aprender a resolver problemas, além de contribuir para desenvolver um pensamento criativo. Teste a significância da estimativa, contra a hipótese nula de que **75%** dos pais na população acreditam que o uso prolongado de *tablet* não prejudica a aprendizagem

Capítulo 8 Inferência Estatística • 213

de seus filhos, pelo contrário, estimula a sua inteligência, com 5% de significância.

Solução:

Formulação das Hipóteses:

$H_0: \pi = 0,75$
$H_1: \pi > 0,75$

Valor-p:

Valor-p = P[Z ≥ (p − π_0) / ($\sqrt{\pi_0}(1- \pi_0)$/ n)]

Valor-p = P[Z ≥ (0,77− 0,75) /$\sqrt{(0,75 \times 0,25/2200)}$]

Valor-p = P[Z ≥ (0,02) / (0,01)]

Valor-p = P[Z ≥ 2,0] = 0,5 − 0,4772 = **0,0228 ou 2,28%**

Decisão:

2,28%<5%, rejeita-se H_0. A credibilidade de que **75%** dos pais na população acreditam que o uso prolongado de *tablet* não prejudica a aprendizagem de seus filhos, pelo contrário, estimula a sua inteligência é baixa. A referida proporção deve estar mesmo em torno de **77%**.

12) Pesquisa da UNESCO com 2500 professores sobre *"O Perfil dos Professores Brasileiros: o que fazem o que pensam e o que almejam"*, realizada recentemente, revelou que o docente no Brasil utiliza como sua principal fonte de informação a TV (74%). Essa é a realidade que causa um impacto muito grande sobre a qualidade da educação e os processos de pesquisa, quando se deveria convergir educadores e alunos com os diversos meios de pesquisa e processos de vivência elevando, de forma significativa, a qualidade de resultados. Educadores acreditam que na verdade este percentual possa ser bem maior. Teste a significância da estimativa, para uma hipótese nula

214 • Estatística Aplicada à Educação com Abordagem além da Análise Descritiva

de que o docente no Brasil utiliza como sua principal fonte de informação a TV com 80%, pelo valor-p.

Solução:

Formulação das Hipóteses:

H_0: $\pi = 0,80$

H_1: $\pi < 0,80$

Valor-p:

Valor-p = P[Z ≤ ($p - \pi_0$) / ($\sqrt{\pi_0(1- \pi_0)}$/ n)]

Valor-p = P[Z ≤ (0,74– 0,80) /√(0,80x0,20/2500)]

Valor-p = P[Z ≤ (-0,06) / (0,01)]

Valor-p = P[Z ≤ -6,0] = 0,5 – 0,5 = **0,000 ou 0%**

Decisão:

0%<5%, rejeita-se H_0. A credibilidade de que 80% do docente no Brasil utilizam como sua principal fonte de informação a TV é baixa. Existe evidência de que o aludido percentual deva estar em torno de 74%, como revelou a pesquisa da UNESCO.

13) Com base em um questionário que abrangeu 2700 professores de Educação Física (trata-se de professor de ensino fundamental) da rede estadual de ensino de São Paulo, buscou-se construir um perfil do professor e obter um retrato das condições disponíveis para a prática profissional. Entre outros resultados, encontrou-se que 77% dos professores se formaram em instituições privadas. Teste pelo intervalo de confiança uma hipótese nula de 70%.

Capítulo 8 Inferência Estatística • **215**

Solução:
Formulação das Hipóteses:

H_0: $\pi = 0,70$

H_1: $\pi \neq 0,70$

Pelo Intervalo de Confiança:

$P - Z \left[\sqrt{\pi_0(1- \pi_0)}/n \right] \leq \pi \leq P + Z \left[\sqrt{\pi_0(1- \pi_0)}/n \right]$

$0,77-1,96(\sqrt{0,70 \times 0,30/2700}) \leq \pi \leq 0,77+1,96 \ (\sqrt{0,70 \times 0,30/2700})$

$0,77-0,02 \leq \pi \leq 0,77+0,02$

$0,75 \leq \pi \leq 0,79$

Decisão:

Como a hipótese nula está fora do intervalo de confiança, ela deve ser rejeitada. De fato, 77% dos professores se formaram em instituições privadas, como evidenciou a pesquisa.

14) Pesquisa com 2500 professores mostra que 58% dos docentes jamais navegaram na *internet*. Teste a significância desta estimativa utilizando uma hipótese básica conservadora de 50%, pelo valor-p.

Solução:

Formulação das Hipóteses:

H_0: $\pi = 0,50$

H_1: $\pi > 0,50$

Valor-p:

Valor-p = P[Z $\geq$ (p − π_0) / ($\sqrt{\pi_0(1-\pi_0)}$/ n)]

Valor-p = P[Z $\geq$ (0,58− 0,50) /$\sqrt{(0,5\times0,5/2500)}$]

Valor-p = P[Z $\geq$ (0,08) / (0,01)]

Valor-p = P[Z $\geq$ 8] = 0,5 − 0,5 = **0,000 ou 0%**

Decisão:

A credibilidade de H_0 é nula. A estimativa de que 58% dos docentes jamais navegaram na *internet evidenciada pela pesquisa é significante*.

15) Pelo quadro desenhado uma pesquisa brasileira, educadores afirmam que os docentes têm pouca leitura, pouco acesso a programas culturais, alguns valores estão distorcidos e isso influencia os jovens e, por fim, as novas tecnologias não fazem parte do dia a dia dos docentes. Na pesquisa com 2500 professores, tem-se que os professores leem em média 3 livros inteiros por ano, com desvio-padrão 50. Para você, esse dado é verdade? Confirma as teorias dos educadores? Teste ao nível de 5% para uma hipótese nula de leitura de 5 livros por ano pelos professores brasileiros.

Solução:

Formulação das Hipóteses:

H_0: $\mu = 5$

H_1: $\mu < 5$

Valor-p:

Valor-p = P[Z $\leq$ ($\overline{X}$ - μ_0) / S/$\sqrt{n}$]

Capítulo 8 Inferência Estatística • **217**

Valor-p = P[Z ≤ (3 - 5) / 50/$\sqrt{2500}$]

Valor-p = P[Z ≤ (-2) / 1]

Valor-p = P[Z ≤ -2] = 0,50 – 0,4772= **0,0228 ou 2,28%**

Decisão:

2,28%<5%, rejeita-se Ho. Os docentes brasileiros têm realmente pouca leitura. Em média, leem 3 livros por ano de fato.

16) O país considerado a sexta economia do mundo carrega o número de cerca de 15 milhões de analfabetos adultos e apresenta sérias dificuldades para ensinar 100% de suas crianças a ler e escrever na idade certa. Uma das falhas mais apontadas por educadores é que parece que as escolas costumam colocar nas séries iniciais, onde ocorre a alfabetização, justamente professores iniciantes e menos preparados. Para verificar isso, foi feito um levantamento pela Secretaria Municipal de Educação e constatou-se em uma amostra de 900 escolas que o percentual de professores iniciantes e menos preparados na alfabetização nas séries iniciais é de 87,5%. Teste a significância de tal estimativa pelo valor-p contra uma hipótese nula de que este percentual é maior ainda, de 90%.

Formulação das Hipóteses:

H_0: π = 0,90
H_1: π > 0,90

Valor-p:

Valor-p = P[Z ≥ (p – π_0) / ($\sqrt{\pi_0}$(1- π_0)/ n)]

Valor-p = P[Z ≥ (0,875– 0,90) /$\sqrt{}$(0,9x0,1/900)]

Valor-p = P[Z ≥ (-0,025) / (0,01)]

Valor-p = P[Z ≥ -2,5] = 0,5 − 0,4938 = **0,0062 ou 0,62%**

Decisão:

0,62%<5%, rejeita-se H0. A credibilidade da hipótese nula é baixa. A estimativa da amostra evidencia uma tendência alternativa para o percentual de professores iniciantes e menos preparados na alfabetização nas séries iniciais: 87,5%.

17) Nota desejável na avaliação, com critérios da Provinha Brasil, do Inep, é de 150 pontos. Uma amostra de 100 alunos revelou uma média de 220, com desvio-padrão 500. Parece que o rendimento está muito acima da expectativa. Teste a significância da estimativa amostral pelo valor-p, com um nível de significância de 5%.

Solução:

Formulação das Hipóteses:

H0: μ = 150
H1: μ > 150

Valor-P:

Valor-p = P[Z ≥ ($\overline{X}$ - μ0) /S/√n]

Valor-p = P[Z ≥ (220 - 150) / 500/√100]

Valor-p = P[Z ≥ (70) / 50]

Valor-p = P[Z ≥ 1,4] = 0,5 − 0,4192 = 0,0808 ou 8,08%.

Decisão:

8,08%>5%, rejeita-se H0. Tudo indica que o desempenho dos alunos do ensino fundamental na Provinha Brasil deve ficar mesmo em torno de 150. Os 220 pontos de estimativa é fruto de uma amostra não representativa.

18) Suponhamos que temos duas variáveis, sexo (masculino ou feminino) e mão com que escreve (destro ou canhoto). Observamos os valores de ambas as variáveis de uma amostra casual de 100 alunos de uma escola. Usando a tabela de contingência para expressar o relacionamento entre estas duas variáveis, obtivemos um coeficiente de contingência C=-0,13. Teste a sua significância.

Sexo	Mão que Escreve		Total
	Destro	Canhoto	
Masculino	43	44	87
Feminino	9	4	13
Total	52	48	100

Solução:

$C = -0,13$

$\chi^2 = (n)C^2$

$\chi^2 = 100 . (-0,13)^2 = 1,69$

$\Phi = 1 \rightarrow$ valor-p $= 2 \times 0,10 = \textbf{0,20 ou 20\%}$

Decisão:

Valor-p>α, logo temos que o coeficiente de contingência amostral **não é significante.**

19) A seguir relacionamos na tabela de contingência a variável sexo com a variável curso de Pedagogia e Engenharia de um ***Instituto Universitário***

220 • Estatística Aplicada à Educação com Abordagem além da Análise Descritiva

Multidisciplinar. Associando as variáveis pelo coeficiente de contingência, temos que C=-0,2357. Teste a sua significância.

Sexo	Cursos		Total
	Pedagogia	Engenharia	
Masculino	40	200	240
Feminino	60	100	160
Total	100	300	400

Solução:

C = -0,2357

$\chi^2 = (n)C^2$

$\chi^2 = 400 \cdot (-0,2357)^2 = 22,22$

$\Phi = 1 \rightarrow$ valor-p = 2 x 0,005 = **0,01 ou 1%**

Decisão:

Valor-p$<\alpha$, logo temos que o coeficiente de contingência amostral **é significante.**

20) O ambiente faz a educação. Pensando nisso, um grupo de educadores levantou uma amostra de 110 alunos e os separou segundo o nível de seu aproveitamento e a classificação da área onde residem quanto ao risco de violência. O resultado se encontra a seguir.

Classificação da area de moradia(X)	Aproveitamento(Y)	
	Bom(+)	Mau(-)
Área Não Violenta(+)	40	10
Área Violenta(+) (-)	20	40

Pede-se:

a) A razão de chance.
b) O coeficiente de *Yule*.
c) O coeficiente de contingência.
d) Teste a significância da associação.

Solução:

a)

Razão de Chance:

$$\Psi = \frac{ad}{bc}$$

$$\Psi = \frac{1600}{200} = 8$$

Quem mora em área sem violência tem 8 vezes mais chances de bom aproveitamento escolar do que quem mora em área de risco.

b)

Coeficiente de Yule:

$$Q = \frac{\Psi - 1}{\Psi + 1}$$

$$Q = \frac{8 - 1}{8 + 1} = 0,78$$

c)

Coeficiente de Contingência:

$$C = \frac{(ad - bc)}{\sqrt{(a+b)(a+c)(b+d)(c+d)}}$$

$$C = \frac{(1600 - 200)}{\sqrt{60.50.50.60}}$$

$$C = \frac{1400}{3000}$$

$C = 0,46$

d)

$C = 0,46$

$\chi^2 = (n)C^2$

$\chi^2 = 110 . (0,46)^2 = 23,28$

$\Phi = 1 \rightarrow$ valor-p $= 2 \times 0,005 =$ **0,01 ou 1%**

Decisão:

Valor-p<α, logo temos que o coeficiente de contingência amostral **é significante,** o que implica uma real associação entre área de moradia e aproveitamento escolar.

Capítulo 9

Correlação e Regressão Linear Simples

Correlação de *Pearson*

A correlação é uma medida padronizada da relação entre duas variáveis quantitativas, bem como a força dessa relação.

Correlação Linear de Pearson:

É o grau de relação **linear** existente entre duas variáveis quantitativas. Indica o grau de aderência ou a qualidade do ajuste dos pares X e Y a uma equação linear, a uma **reta**.

Coeficiente de Correlação Linear de *Pearson*:

O grau de relação entre duas variáveis quantitativas na população pode ser medido através do coeficiente de correlação de *Pearson*: ρ.

Por questões operacionais de custo e tempo, nem sempre podemos dispor de uma população de pares X e Y, e o que se tem disponível é uma amostra de **n** pares ordenados X e Y.

O Coeficiente de Correlação de *Pearson* calculado na amostra chama-se **r**.

O **r** é, portanto, uma estimativa do parâmetro ρ:

$$\hat{\rho} = r$$

Expressão do Coeficiente de Correlação

$$r = \frac{(\Sigma XY) - \dfrac{(\Sigma X).(\Sigma Y)}{n}}{\sqrt{\left(\Sigma X^2 - (\Sigma X)^2 / n\right).\left(\Sigma Y^2 - (\Sigma Y)^2 / n\right)}}$$

Onde n é o número de observações.

Intervalo de Variação de r:

O coeficiente de correlação r é uma medida cujo valor se situa no intervalo compreendido pelos valores [-1, +1]:

$$-1 \leq r \leq +1$$

Assim temos:

r=1, correlação linear perfeita positiva
r=-1, correlação linear perfeita negativa
r=0, não há relação linear entre as variáveis X e Y.

Empiricamente, mostrou-se que a intensidade de r pode ser consultada pelo mesmo quadro da verificação da intensidade do coeficiente de contingência, quando foram apresentadas as distribuições de frequência de variáveis qualitativas.

Valor Absoluto de r	Intensidade da Relação de X e Y
0	Nula
(0; 0,3]	Fraca
(0,3 ; 0,6]	Média
(0,6 ; 0,9]	Forte
(0,9 ; 0,99]	Fortíssima
1,00	Perfeita

Para podermos tirar algumas conclusões significativas sobre o comportamento simultâneo das variáveis analisadas, é necessário que:

$$0,6 \leq r \leq 1,0$$

Diagrama de Dispersão:

Representando, em um gráfico bidimensional, os pares (X; Y), obtemos uma nuvem de pontos que denominamos **diagrama de dispersão**. Esse diagrama fornece uma ideia grosseira, porém útil, do grau da correlação linear existente entre as variáveis quantitativas X e Y.

Exemplo:

Pontos no Simuladão e Pontos no Vestibular de Candidatos

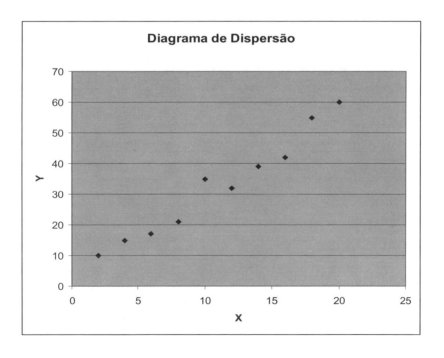

Os pontos obtidos, vistos em conjunto, formam uma *elipse* em diagonal. Podemos imaginar que, quanto mais fina for a *elipse*, mais ela se aproxima de uma reta. Dizemos, então, que a correlação de forma elíptica, que tem como "*imagem*" uma reta, forma a **correlação linear**.

Como a *elipse* projetada no **diagrama de dispersão** do exemplo anterior tem como imagem uma reta, sobrepomos aos pontos uma linha, chamada de **linha de regressão**. A equação matemática que traduz a linha de regressão é chamada de **reta de regressão,** que estudaremos na próxima seção.

Como a correlação do diagrama dado tem como imagem uma reta ascendente, ela é chamada **correlação linear positiva**. Caso contrário, é chamada de *correlação linear negativa*.

Diagramas de Dispersão de X e Y com Casos Possíveis de r:

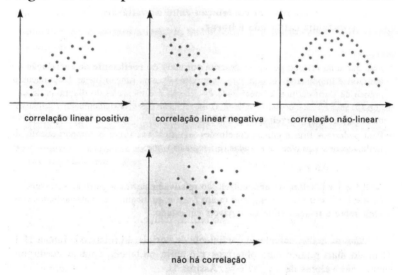

Exemplo 1:

Em uma universidade, os professores de estatística foram avaliados pelos seus alunos em termos de eficácia e cada aluno desses professores foi analisado em termos de desempenho na disciplina. O resultado da pesquisa com um professor se encontra na tabela a seguir. Construa o diagrama de dispersão e interprete o seu resultado, calcule o coeficiente de correlação de *Pearson* e estime a força da associação entre as variáveis.

Nota do Desempenho do Professor e Nota do Desempenho do Aluno

Nota do Domínio do Professor sobre o Conteúdo(X)	Nota do Aluno(Y)
10.0	10.0
8.0	6.5
8.5	7.5
3.5	3.0
7.5	5.0
7.5	5.5
10.0	9.0
10.0	9.5
10.0	10.0
4.0	5.0
7.0	6.0
8.0	6.5
5.0	5.5
5.0	6.0
4.0	6.0
10.0	10.0
10.0	8.0
10.0	9.5
10.0	10.0
2.0	1.5
150.0	140.0

Dispersão:

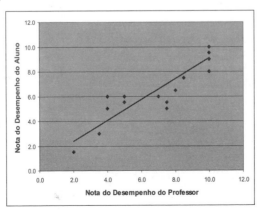

Interpretação:

A elipse projetada tem como imagem uma linha reta.

Quadro de Cálculo

Nota do Domínio do Professor sobre o Conteúdo(X)	Nota do Aluno(Y)	X^2	Y^2	XY
10.0	10.0	100.0	100.0	100.0
8.0	6.5	64.0	42.3	52.0
8.5	7.5	72.3	56.3	63.8
3.5	3.0	12.3	9.0	10.5
7.5	5.0	56.3	25.0	37.5
7.5	5.5	56.3	30.3	41.3
10.0	9.0	100.0	81.0	90.0
10.0	9.5	100.0	90.3	95.0
10.0	10.0	100.0	100.0	100.0
4.0	5.0	16.0	25.0	20.0
7.0	6.0	49.0	36.0	42.0
8.0	6.5	64.0	42.3	52.0
5.0	5.5	25.0	30.3	27.5
5.0	6.0	25.0	36.0	30.0
4.0	6.0	16.0	36.0	24.0
10.0	10.0	100.0	100.0	100.0
10.0	8.0	100.0	64.0	80.0
10.0	9.5	100.0	90.3	95.0
10.0	10.0	100.0	100.0	100.0
2.0	1.5	4.0	2.3	3.0
150.0	140.0	1260.0	1096.0	1163.5

Coeficiente de Correlação:

$$r = \frac{(\sum XY) - \dfrac{(\sum X).(\sum Y)}{n}}{\sqrt{\left(\sum X^2 - (\sum X)^2/n\right).\left(\sum Y^2 - (\sum Y)^2/n\right)}}$$

Capítulo 9 Correlação e Regressão Linear Simples • **229**

$$r = \frac{(1163,5) - \dfrac{(150).(140)}{20}}{\sqrt{\left(1260 - (150)^2 / 20\right).\left(1096 - (140)^2 / 20\right)}}$$

$$r = \frac{1163,5 - 1050}{\sqrt{135.116}}$$

$$r = \frac{113,5}{125,1}$$

r = 0,91

Fortíssima correlação positiva entre a nota de desempenho do aluno e a nota de domínio do conteúdo do professor.

Exemplo 2:

A seguir, apresentamos o tempo de reação de alunos em uma habilidade de direção de uma autoescola e a sua acuidade visual. Construa o diagrama de dispersão e interprete o seu resultado, calcule o coeficiente de correlação de *Pearson* e estime a força da associação entre as variáveis.

Tempo de Reação e Acuidade Visual de Alunos de uma Autoescola

Acuidade Visual(X)	Tempo de Reação(Y)
90	96
100	92
80	106
90	100
100	98
90	104
80	110
90	101
70	116

Acuidade Visual(X)	Tempo de Reação(Y)
90	106
90	109
80	100
90	112
80	105
70	118
90	108
90	113
90	112
60	127
80	117
1700	2150

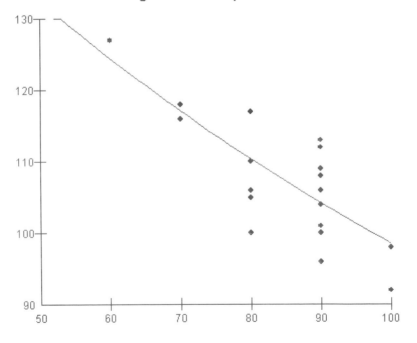

Diagrama de Dispersão

Interpretação:

A elipse projetada tem como imagem uma linha reta.

Quadro de Cálculo:

Acuidade Visual(X)	Tempo de Reação(Y)	X²	Y²	XY
90	96	8100	9216	8640
100	92	10000	8464	9200
80	106	6400	11236	8480
90	100	8100	10000	9000
100	98	10000	9604	9800
90	104	8100	10816	9360
80	110	6400	12100	8800
90	101	8100	10201	9090
70	116	4900	13456	8120
90	106	8100	11236	9540
90	109	8100	11881	9810
80	100	6400	10000	8000
90	112	8100	12544	10080
80	105	6400	11025	8400
70	118	4900	13924	8260
90	108	8100	11664	9720
90	113	8100	12769	10170
90	112	8100	12544	10080
60	127	3600	16129	7620
80	117	6400	13689	9360
1700	2150	146400	232498	181530

$$r = \frac{(181530) - \dfrac{(1700).(2150)}{20}}{\sqrt{\left(146400 - (1700)^2 / 20\right).\left(232498 - (2150)^2 / 20\right)}}$$

$$r = \frac{181530 - 182750}{\sqrt{1900.1373}}$$

$$r = \frac{-1220}{1615}$$

$$r = -0,76$$

Forte correlação negativa entre a acuidade visual e o tempo de reação na tarefa de direção. **Quanto maior a acuidade visual, menor é o tempo de reação.**

Regressão Linear

Análise de regressão é um método para determinar a reta de regressão. A análise de regressão linear é, então, um conjunto de métodos e técnicas para o estabelecimento de uma reta empírica que interprete a relação funcional entre variáveis como boa aproximação.

Conceito de Regressão Linear Simples

É o estabelecimento de uma relação, traduzida por uma equação linear, que permite estimar e explicar o valor de uma variável em função de uma **única** outra variável.

A análise da regressão linear simples tem como resultado uma equação matemática que descreve o relacionamento entre duas variáveis (X e Y).

É chamada de regressão linear simples, portanto, porque só envolve uma única variável explicativa num modelo linear.

Capítulo 9 Correlação e Regressão Linear Simples • **233**

Finalidades da Análise de Regressão Linear Simples:

- Estimar o valor de uma variável com base no valor conhecido de outra;
- Explicar o valor de uma variável em termos de outra;
- Predizer o valor futuro de uma variável.

Variável Independente (X):

É a variável explicativa do modelo. É com ela que se procura explicar ou prever Y.

Variável Dependente (Y):

É a variável explicada do modelo. É a variável que se procura explicar através da variável explicativa (X).

Interpretação da Reta de Regressão:

Valores de Y podem ser explicados em termos de variações nos valores de X. Afirmando de forma mais forte, podemos dizer que X causa Y, isto é, o valor de X determina o valor de Y.

A regressão linear tenta reproduzir numa equação matemática o modo como o comportamento da variável dependente é explicada pela variável independente.

Reta de Regressão Estimada:

A reta de regressão que estima a relação funcional entre X e Y na população pode ser obtida por meio de uma amostra de pontos (X;Y) e tem a seguinte expressão:

$$\hat{Y} = a + bX$$

Por meio de métodos algébricos poderemos chegar aos valores a e b da reta, dada pelas expressões:

$$b = \frac{\sum XY - \dfrac{\sum X \sum Y}{n}}{\sum X^2 - \dfrac{(\sum X)^2}{n}}$$

$$a = \overline{X} - b.\overline{X}$$

Onde:

$\overline{X} = (\sum X)/n$

$\overline{Y} = (\sum Y)/n$

Exemplo 1:

Em uma universidade, os professores de sociologia foram avaliados pelos seus alunos em termos de eficácia e cada aluno desses professores foi analisado em termos de desempenho na disciplina. O resultado da pesquisa com um professor se encontra na tabela a seguir. Obtenha a reta de regressão.

Nota do Desempenho do Professor e Nota do Desempenho do Aluno

Nota do Domínio do Professor sobre o Conteúdo(X)	Nota do Aluno(Y)
10.0	10.0
8.0	6.5
8.5	7.5
3.5	3.0
7.5	5.0
7.5	5.5
10.0	9.0
10.0	9.5
10.0	10.0
4.0	5.0

Capítulo 9 Correlação e Regressão Linear Simples • 235

Nota do Domínio do Professor sobre o Conteúdo(X)	Nota do Aluno(Y)
7.0	6.0
8.0	6.5
5.0	5.5
5.0	6.0
4.0	6.0
10.0	10.0
10.0	8.0
10.0	9.5
10.0	10.0
2.0	1.5
150.0	140.0

Solução:

$$b = \frac{\sum XY - \frac{\sum X \sum Y}{n}}{\sum X^2 - \frac{(\sum X)^2}{n}}$$

$$b = \frac{113,5}{135} = 0,84$$

$$\overline{X} = \frac{150}{20} = 7,5$$

$$\overline{Y} = \frac{140}{20} = 7,0$$

$$a = \overline{Y} - b.\overline{X}$$

a = 7,0 − (0,84)(7,5) = **0,70**

$\hat{Y} = 0,70 + 0,84X$

Exemplo 2:

A seguir apresentamos o tempo de reação de alunos em uma habilidade de direção de uma autoescola e a sua acuidade visual. Obtenha a reta de regressão.

Tempo de Reação e Acuidade Visual de Alunos de uma Autoescola

Acuidade Visual(X)	Tempo de Reação(Y)
90	96
100	92
80	106
90	100
100	98
90	104
80	110
90	101
70	116
90	106
90	109
80	100
90	112
80	105
70	118
90	108
90	113
90	112
60	127
80	117
1700	2150

Capítulo 9 Correlação e Regressão Linear Simples • **237**

Solução:

Acuidade Visual(X)	Tempo de Reação(Y)	X^2	Y^2	XY
90	96	8100	9216	8640
100	92	10000	8464	9200
80	106	6400	11236	8480
90	100	8100	10000	9000
100	98	10000	9604	9800
90	104	8100	10816	9360
80	110	6400	12100	8800
90	101	8100	10201	9090
70	116	4900	13456	8120
90	106	8100	11236	9540
90	109	8100	11881	9810
80	100	6400	10000	8000
90	112	8100	12544	10080
80	105	6400	11025	8400
70	118	4900	13924	8260
90	108	8100	11664	9720
90	113	8100	12769	10170
90	112	8100	12544	10080
60	127	3600	16129	7620
80	117	6400	13689	9360
1700	2150	146400	232498	181530

$$b = \frac{181530 - \dfrac{(1700)(2150)}{20}}{146400 - \dfrac{(1700)^2}{20}}$$

$$b = \frac{-1220}{1900} = \mathbf{0,64}$$

$$\overline{X} = \frac{1700}{20} = 85$$

$$\overline{Y} = \frac{2150}{20} = 107,5$$

$$a = \overline{Y} - b.\overline{X}$$

a = 107,5 + (0,64)(85) = **161,9**

$\hat{}$

Y = 161,9 − 0,64X

Atividades Propostas

1) Em uma universidade, os professores de sociologia foram avaliados pelos seus alunos em termos de eficácia e cada aluno desses professores foi analisado em termos de desempenho na disciplina. O resultado da pesquisa com um professor se encontra na tabela a seguir. Construa o diagrama de dispersão e interprete o seu resultado, calcule o coeficiente de correlação de *Pearson* e estime a força da associação entre as variáveis.

Nota do Desempenho do Professor e Nota do Desempenho do Aluno

Nota do Desempenho do Professor(X)	Nota do Desempenho do Aluno(Y)
9.0	9.0
5.0	7.0
9.0	8.0
2.0	2.0
7.0	6.5
7.5	5.5
9.0	9.0
10.0	10.0
10.0	10.0
4.0	4.0
6.0	6.0
8.0	6.5
5.0	5.5
5.0	6.0
4.0	5.0
10.0	10.0
10.0	10.0
10.0	10.0
10.0	10.0
10.0	10.0
150.5	150.0

Solução:

Diagrama de Dispersão:

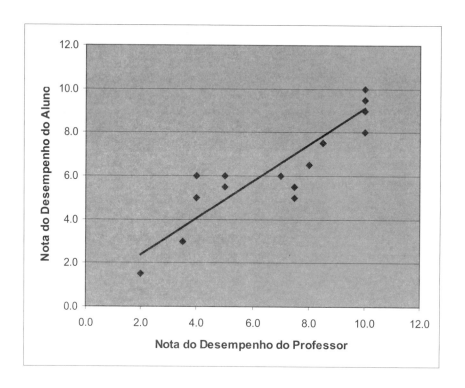

Capítulo 9 Correlação e Regressão Linear Simples • 241

Interpretação:

Os pontos parecem seguir uma linha reta.

Coeficiente de Correlação:

Quadro de Cálculo

Nota Desempenho do Professor(X)	Nota do Desempenho do Aluno(Y)	X^2	Y^2	XY
9.0	9.0	81.0	81.0	81.0
5.0	7.0	25.0	49.0	35.0
9.0	8.0	81.0	64.0	72.0
2.0	2.0	4.0	4.0	4.0
7.0	6.5	49.0	42.3	45.5
7.5	5.5	56.3	30.3	41.3
9.0	9.0	81.0	81.0	81.0
10.0	10.0	100.0	100.0	100.0
10.0	10.0	100.0	100.0	100.0
4.0	4.0	16.0	16.0	16.0
6.0	6.0	36.0	36.0	36.0
8.0	6.5	64.0	42.3	52.0
5.0	5.5	25.0	30.3	27.5
5.0	6.0	25.0	36.0	30.0
4.0	5.0	16.0	25.0	20.0
10.0	10.0	100.0	100.0	100.0
10.0	10.0	100.0	100.0	100.0
10.0	10.0	100.0	100.0	100.0
10.0	10.0	100.0	100.0	100.0
10.0	10.0	100.0	100.0	100.0
150.5	150.0	1259.3	1237.0	1241.3

$$r = \frac{(1241,3) - \dfrac{(150,5)(150,0)}{20}}{\sqrt{\left(1259,3 - (150,5)^2 / 20\right).\left(1237,0 - (150,5)^2 / 20\right)}}$$

$$r = \frac{1241,3 - 1128,75}{\sqrt{126,79.112,00}} =$$

$$r = \frac{112,55}{119,17} =$$

r = **0,94**

Fortíssima correlação positiva entre a nota de desempenho do aluno e a nota de desempenho do professor.

2) A seguir apresentamos o tempo de reação de alunos em uma habilidade de direção de uma autoescola e a sua idade. Construa o diagrama de dispersão e interprete o seu resultado, calcule o coeficiente de correlação de *Pearson* e estime a força da associação entre as variáveis.

Tempo de Reação e Idade de Alunos de uma Autoescola

Idade(X)	Tempo de Reação(Y)
80	92
75	96
65	98
60	100
55	100
50	101
50	104
45	105
45	106
40	106
40	108

Capítulo 9 Correlação e Regressão Linear Simples • **243**

Idade(X)	Tempo de Reação(Y)
35	109
35	110
35	112
30	112
30	113
25	116
25	117
20	118
20	127
860	2150

Solução:

Diagrama de Dispersão:

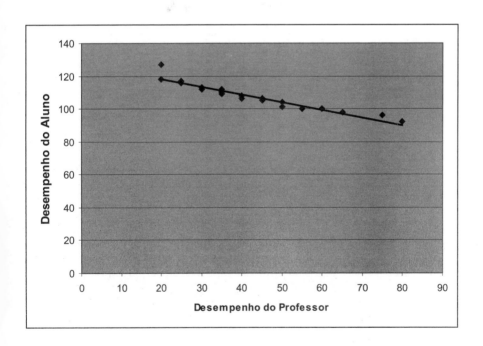

Interpretação:

Existe uma tendência linear negativa entre idade e tempo de reação. Quanto maior a idade, menor é o tempo de reação.
Coeficiente de Correlação:

Quadro de Cálculo

Idade(X)	Tempo de Reação(Y)	X^2	Y^2	XY
80	92	6400	8464	7360
75	96	5625	9216	7200
65	98	4225	9604	6370
60	100	3600	10000	6000
55	100	3025	10000	5500
50	101	2500	10201	5050
50	104	2500	10816	5200
45	105	2025	11025	4725
45	106	2025	11236	4770
40	106	1600	11236	4240
40	108	1600	11664	4320
35	109	1225	11881	3815
35	110	1225	12100	3850
35	112	1225	12544	3920
30	112	900	12544	3360
30	113	900	12769	3390
25	116	625	13456	2900
25	117	625	13689	2925
20	118	400	13924	2360
20	127	400	16129	2540
860	2150	42650	232498	89795

Capítulo 9 Correlação e Regressão Linear Simples • 245

$$r = \frac{(89795) - \dfrac{(860)(2150)}{20}}{\sqrt{\left(42650 - (860)^2 / 20\right).\left(232498 - (2150)^2 / 20\right)}}$$

$$r = \frac{89795 - 92450}{\sqrt{5670.1373}} =$$

$$r = \frac{-2655}{2790} =$$

r = -0,95

Forte correlação negativa entre a idade e o tempo de reação na tarefa de direção.

3) Em uma universidade, os professores de sociologia foram avaliados pelos seus alunos em termos de eficácia e cada aluno desses professores foi analisado em termos de desempenho na disciplina. O resultado da pesquisa com um professor se encontra na tabela a seguir. Obtenha a reta de regressão.

Nota do Desempenho do Professor e Nota do Desempenho do Aluno

Nota Desempenho do Professor(X)	Nota do Desempenho do Aluno(Y)
9.0	9.0
5.0	7.0
9.0	8.0
2.0	2.0
7.0	6.5
7.5	5.5
9.0	9.0
10.0	10.0

Nota Desempenho do Professor(X)	Nota do Desempenho do Aluno(Y)
10.0	10.0
4.0	4.0
6.0	6.0
8.0	6.5
5.0	5.5
5.0	6.0
4.0	5.0
10.0	10.0
10.0	10.0
10.0	10.0
10.0	10.0
10.0	10.0
150.5	150.0

Solução:

$$b = \frac{112,55}{126,79} = 0,89$$

$$\overline{X} = \frac{150,5}{20} = 7,52$$

$$\overline{Y} = \frac{150}{20} = 7,50$$

$$a = \overline{Y} - b.\overline{X}$$

a = 7,5 −(0,89)(7,52) = **0,81**

$\hat{Y}$
Y = 0,81 + 0,89X

4) Apresentamos o tempo de reação de alunos em uma habilidade de direção de uma autoescola e a sua idade. Obtenha a reta de regressão.

Tempo de Reação e Idade de Alunos de uma Autoescola

Idade(X)	Tempo de Reação(Y)
80	92
75	96
65	98
60	100
55	100
50	101
50	104
45	105
45	106
40	106
40	108
35	109
35	110
35	112
30	112
30	113
25	116
25	117
20	118
20	127
860	2150

Solução:

$$b = \frac{-2655}{5670} = -0,47$$

$$\overline{X} = \frac{860}{20} = 43$$

$$\overline{Y} = \frac{2150}{20} = 107,5$$

$$a = \overline{Y} - b.\overline{X}$$

a = 107,5 + (0,47)(43) = **127,71**

$\hat{}$
Y = 127,71 – 0,47X

5) A seguir registramos os pontos na prova de português e os pontos na prova de inglês de uma amostra de alunos que tentaram o vestibular para Letras.

Pontos na Prova de Português(X)	Pontos na Prova de Inglês(Y)
3	15
6	27
9	30
12	39
15	39

Realize a análise dos dados:

a) Calcule o coeficiente de correlação linear e interprete o seu resultado.
b) Obtenha a equação de regressão estimada da reta.

Solução:

Quadro de Cálculo

X	Y	X²	Y²	XY
3	15	9	225	45
6	27	36	729	162
9	30	81	900	270
12	39	144	1521	468
15	39	225	1521	585
45	150	495	4896	1530

a)

Cálculo do valor de r:

$$r = \frac{1530 - \dfrac{45.150}{5}}{\sqrt{\left[495 - (45)^2 / 5\right].\left[4896(150)^2 / 5\right]}} =$$

$$r = (1530 - 1350) / \sqrt{90.396} = \mathbf{0,95}$$

Fortíssima correlação positiva.

$$r = \frac{1530 - \dfrac{45.150}{5}}{495 - (45)^2 / 5} = 2$$

$$\overline{Y} = 150 / 5 = 30$$

$$\overline{X} = 45 / 5 = 9$$

a= 30 – 2.9 = **12**

$\hat{Y} = 12 + 2X$

Bibliografia

1. **BARBETTA**, PEDRO ALBERTO; **REIS**, MARCELO MENEZES; **BORNIA**, ANTONIO CEZAR. *Estatística para Cursos de Engenharia e Informática*. São Paulo. Editora Atlas, 2004.
2. **BARNETT**, V. *Sample Survey: Principies and Methods*. 3nd Edition. London: Arnold, 1974.
3. **BOLFARINE**, H ; **BUSSAB**, W. O. *Elementos de Amostragem*. São Paulo: ABE-Projeto Fisher, 2005.
4. **BOLFARINE**, HELENO; **SANDOVAL**, MÔNICA CARNEIRO. *Introdução à Inferência Estatística*. Rio de Janeiro. Coleção Matemática Aplicada, 2000.
5. **BUSSAB**. W. O. ; **MORETTIN**, P. A. *Estatística Básica*. 5ed. São Paulo. Saraiva, 2003.
6. **CONOVER**, W J. (1998) *Practical Nonparametric Statistics*. 3. ed. New York: John Wiley.
7. **COSTA**, Giovani G . O. *Curso de Estatística Básica: Teoria e Prática*. São Paulo. Editora Atlas, 2011.
8. **COSTA**, Giovani G . O. *Curso de Estatística Inferencial e Probabilidades: Teoria e Prática*. São Paulo. Editora Atlas, 2012.
9. **COSTA**, Giovani G . O. ; **GIANNOTTI**, Juliana D. G. *Estatística Aplicada ao Turismo*. Volumes 1 e 2. 3 ed. Rio de Janeiro: Fundação CECIERJ, 2010.
10. **COSTA**, Giovani G . O. *Estatística Aplicada à Informática e às Suas Novas Tecnologias-Volume 1* . Rio de Janeiro. Editora Ciência Moderna, 2014.
11. **COSTA**, Giovani G . O. *Estatística Aplicada à Informática e às Suas Novas Tecnologias-Volume 2* . Rio de Janeiro. Editora Ciência Moderna, 2015.
12. **COSTA**, Giovani G . O. *Estatística Aplicada a Educação com Abordagem além da Análise Descritiva-Volume 1* . Rio de Janeiro. Editora Ciência Moderna, 2015.
13. **COSTA**, Giovani G . O. *Curso de Estatística Básica: Teoria e Prática*. 2ed. São Paulo. Editora Atlas, 2011.

14. **COSTA NETO,** PEDRO LUIZ DE OLIVEIRA. *Estatística.* Editora Edgard Blücher Ltda. São Paulo, 2002.
15. **CRESPO,** ANTÔNIO ARNOT. *Estatística Fácil.* **São Paulo. Editora Saraiva, 2000.**
16. **DE GROOT**, M.H. ; **SCHERVISH**, MJ. *Probability and Staíistics.* 3ed., NewYork: Addison-//weley, 2002.
17. **DURBIN**, J., and **WATSON**, G. S. *"Testing for Serial Correlation in Least Squares Regression, I."* Biometrika 37, 409–428,1950.
18. **DURBIN**, J., and **WATSON**, G. S, G. S. *"Testing for Serial Correlation in Least Squares Regression, II."* Biometrika 38, 159–179,1951.
19. **FREUND**, JOHN E.; **SIMON**, GARY A. *Estatística Aplicada: economia, administração e contabilidade.*Tradução: Alfredo Alves de farias. 9ed. Porto Alegre: Bookman, 2000.
20. **GAUSS**, CARL FRIEDRICH. *Theoria Motus Corporum Coelestium in Sectionibus Conicis Solem Ambientium.* Estados Unidos. Paperback, 2011.
21. **HAIR**, JOSEPH F.; **ANDERSON**, ROLPH E.; **TATHAM**, RONALD L.; **BLACK**, WILLIAN C. *Análise Multivariada de Dados.* Tradução: AdonaiSchlup SabtáAnna e Anselmo Chaves Neto. Porto Alegre:Bookman., 5ed. 2005.
22. *HOFFMANN, Rodolfo. (2006) Análise de Regressão. 4. ed. São Paulo: Hucitec.*
23. **JARQUE,** CARLOS M.; **BERA**, ANIL K. *"Efficient tests for normality, homoscedasticity and serial independence of regression residuals".* Economics Letters **6** (3): 255–259. doi:10.1016/0165-1765(80)90024-5, 1980
24. **JARQUE,** CARLOS M.; **BERA**, ANIL K. *"Efficient tests for normality, homoscedasticity and serial independence of regression residuals: Monte Carlo evidence".* Economics Letters **7** (4): 313–318. doi:10.1016/0165-1765(81)90035-5, 1981
25. **JARQUE,** CARLOS M.; **BERA**, ANIL K. *"A test for normality of observations and regression residuals".* International Statistical Review **55** (2): 163–172. JSTOR 1403192, 1987.
26. **JUDGE**; et al. *Introduction and the theory and practice of econometrics* (3rd ed.). pp. 890–892, 1982.
27. **JOHNSON**, Richard; WICHERN, Dean. *Applied Multivariate Statistical Analysis.* 6. ed. New Jersey: Prentice Hall, 2007.
28. **JÚNIO,** Joseph F. Hair; **BALIM**, Barry; **MONEY** Artur H.;

SAMOUEL, Phillip. *Fundamentos de Métodos de Pesquisa em Administração.* São Paulo: Bookman, 2010.

29. **KOLMOGOROV**, A. *"Sulla determinazione empirica di una legge di distribuzione"* G. Inst. Ital. Attuari, 4, 83,1933

30. **KUTNER**, MICHAEL; **NETER**, JOHN; **NACHTSHEIM**, CHRISTOPHER J.; LI, WILLIAN. *Applied Linear Statistical Models.* 5. ed. New York: McGraw-Hill/Irwin, 2004.

31. **LARSON,** RON.; **FARBER**, BETSY. *Estatística Aplicada.* São Paulo. Pearson Prentice Halll, 2004.

32. **LEVINE,** DAVID M.; **BERENSON,** MARK L.. *Estatística: Teoria e Aplicações Usando Microsoft Excel em Português.* Rio de Janeiro. Livros Técnicos e Científicos S.A, 2000.

33. **MAGALHÃES**, M.N ; **LIMA,** A.C.P DE- *Noções de Probabilidade e Estatística.* 5ed... São Paulo: Ed. Edusp, 2005.

34. **MOORE**, DAVID S. *A Estatística Básica e Sua Prática.* Tradução: Cristiana Filizola Carneiro Pessoa.3ed. Rio de Janeiro: LTC, 2005.

35. **MORETTIN**, LUIZ GONZAGA. *Estatística Básica.* Volumes 1 e 2. São Paulo. Perarson Makron Books, 2000.

36. **MORETTIN,** PEDRO A; **TOLOI**, CLÉLIA M. *Séries Temporais.* São Paulo. 2. Ed. Editora Atual, 1987.

37. **NETER**, J., **KUTNER**, M.H., **NACHTSHEM**, C.J., **WASSERMAN**, W. – *Applied Linear Regression Models.* 3 ed., Irwin, 1996.

38. **OLIVEIRA,** FRANCISCO ESTEVAM MARTINS. *Estatística e Probabilidades.* São Paulo. Editora Atlas, 1999.

39. **PESARAN**, H. M and B. **PESARAN**. *Working with Microfit 4.0: Interactive Econeomteric Analysis.* London: Oxford University Press,1997.

40. **PESARAN**, H; **SHIN**, Y. and **SMITH**, R. *Bound testing approaches to the analysis of level relationships. Journal of Applied E conometrics.*16, 289-326, 2001.

41. **PESARAN**, H; **SHIN**, Y. and **SMITH**, R. *Bound testing approaches to the analysis of level relationships. University of Cambridge, Revised-DAE Working, 2000.*

42. **ROSS**, Sheldon. *A First Course in Probability.* 7. ed. New Jersey: Prentice Hall, 2005.

43. **ROSS**, Sheldon. *Introduction to Probability Models.* 9. ed. New York: Academic Press, 2006.

44. **SIEGEL**, SIDNEY. *Nonparametric Statistic for the Behavioral Sciences.* USA: McGraw-Hill, 1956.
45. **SILVA**, Nilza Nunes. *Amostragem Probabilística.* 1. ed. São Paulo: Edusp,1997.
46. **SMAILES**, JOANNE; **McGrane**, ANGELA. *Estatística Aplicada à Administração com Excel.* São Paulo. Editora Atlas, 2002
47. **VIEIRA**, Sônia. *Bioestatística-Tópicos Avançados.* 2. ed. Rio de Janeiro: Campus Elsevier, 2004.
48. **VIEIRA**, Sônia. *Estatística para a qualidade.* Rio de Janeiro: Campus Elsevier, 1999.
49. **VIEIRA**, Sônia. *Análise da Variância(ANOVA).* São Paulo. Editora Atlas, 2006.
50. **SMIRNOV**, N.V. *"Tables for estimating the goodness of fit of empirical distributions", Annals of Mathematical Statistic,* 19, 279, 1948.

Anexos

Tabela da Normal
Distribuição Normal Reduzida (0< Z < z)

z	0	1	2	3	4	5	6	7	8	9
0,0	0,0000	0,0040	0,0080	0,0120	0,0160	0,0199	0,0239	0,0279	0,0319	0,0359
0,1	0,0398	0,0438	0,0478	0,0517	0,0557	0,0596	0,0636	0,0675	0,0714	0,0753
0,2	0,0793	0,0832	0,0871	0,0910	0,0948	0,0987	0,1026	0,1064	0,1103	0,1141
0,3	0,1179	0,1217	0,1255	0,1293	0,1331	0,1368	0,1406	0,1443	0,1480	0,1517
0,4	0,1554	0,1591	0,1628	0,1664	0,1700	0,1736	0,1772	0,1808	0,1844	0,1879
0,5	0,1915	0,1950	0,1985	0,2019	0,2054	0,2088	0,2123	0,2157	0,2190	0,2224
0,6	0,2257	0,2291	0,2324	0,2357	0,2389	0,2422	0,2454	0,2486	0,2517	0,2549
0,7	0,2580	0,2611	0,2642	0,2673	0,2704	0,2734	0,2764	0,2794	0,2823	0,2852
0,8	0,2881	0,2910	0,2939	0,2967	0,2995	0,3023	0,3051	0,3078	0,3106	0,3133
0,9	0,3159	0,3186	0,3212	0,3238	0,3264	0,3289	0,3315	0,3340	0,3365	0,3389
1,0	0,3413	0,3438	0,3461	0,3485	0,3508	0,3531	0,3554	0,3577	0,3599	0,3621
1,1	0,3643	0,3665	0,3686	0,3708	0,3729	0,3749	0,3770	0,3790	0,3810	0,3830
1,2	0,3849	0,3869	0,3888	0,3907	0,3925	0,3944	0,3962	0,3980	0,3997	0,4015
1,3	0,4032	0,4049	0,4066	0,4082	0,4099	0,4115	0,4131	0,4147	0,4162	0,4177
1,4	0,4192	0,4207	0,4222	0,4236	0,4251	0,4265	0,4279	0,4292	0,4306	0,4319
1,5	0,4332	0,4345	0,4357	0,4370	0,4382	0,4394	0,4406	0,4418	0,4429	0,4441
1,6	0,4452	0,4463	0,4474	0,4484	0,4495	0,4505	0,4515	0,4525	0,4535	0,4545
1,7	0,4554	0,4564	0,4573	0,4582	0,4591	0,4599	0,4608	0,4616	0,4625	0,4633
1,8	0,4641	0,4649	0,4656	0,4664	0,4671	0,4678	0,4686	0,4693	0,4699	0,4706
1,9	0,4713	0,4719	0,4726	0,4732	0,4738	0,4744	0,4750	0,4756	0,4761	0,4767
2,0	0,4772	0,4778	0,4783	0,4788	0,4793	0,4798	0,4803	0,4808	0,4812	0,4817
2,1	0,4821	0,4826	0,4830	0,4834	0,4838	0,4842	0,4846	0,4850	0,4854	0,4857
2,2	0,4861	0,4864	0,4868	0,4871	0,4875	0,4878	0,4881	0,4884	0,4887	0,4890
2,3	0,4893	0,4896	0,4898	0,4901	0,4904	0,4906	0,4909	0,4911	0,4913	0,4916
2,4	0,4918	0,4920	0,4922	0,4925	0,4927	0,4929	0,4931	0,4932	0,4934	0,4936
2,5	0,4938	0,4940	0,4941	0,4943	0,4945	0,4946	0,4948	0,4949	0,4951	0,4952
2,6	0,4953	0,4955	0,4956	0,4957	0,4959	0,4960	0,4961	0,4962	0,4963	0,4964
2,7	0,4965	0,4966	0,4967	0,4968	0,4969	0,4970	0,4971	0,4972	0,4973	0,4974
2,8	0,4974	0,4975	0,4976	0,4977	0,4977	0,4978	0,4979	0,4979	0,4980	0,4981
2,9	0,4981	0,4982	0,4982	0,4983	0,4984	0,4984	0,4985	0,4985	0,4986	0,4986

3,0	0,4987	0,4987	0,4987	0,4988	0,4988	0,4989	0,4989	0,4989	0,4990	0,4990
3,1	0,4990	0,4991	0,4991	0,4991	0,4992	0,4992	0,4992	0,4992	0,4993	0,4993
3,2	0,4993	0,4993	0,4994	0,4994	0,4994	0,4994	0,4994	0,4995	0,4995	0,4995
3,3	0,4995	0,4995	0,4995	0,4996	0,4996	0,4996	0,4996	0,4996	0,4996	0,4997
3,4	0,4997	0,4997	0,4997	0,4997	0,4997	0,4997	0,4997	0,4997	0,4997	0,4998
3,5	0,4998	0,4998	0,4998	0,4998	0,4998	0,4998	0,4998	0,4998	0,4998	0,4998
3,6	0,4998	0,4998	0,4999	0,4999	0,4999	0,4999	0,4999	0,4999	0,4999	0,4999
3,7	0,4999	0,4999	0,4999	0,4999	0,4999	0,4999	0,4999	0,4999	0,4999	0,4999
3,8	0,4999	0,4999	0,4999	0,4999	0,4999	0,4999	0,4999	0,4999	0,4999	0,4999
3,9	0,5000	0,5000	0,5000	0,5000	0,5000	0,5000	0,5000	0,5000	0,5000	0,5000

Tabela

Distribuição Qui-quadrado(χ^2)

Valores de χ^2, segundo os graus de liberdade(Φ) e o valor de α

Φ	α									
	0,995	0,99	0,975	0,95	0,90	0,10	0,05	0,025	0,01	0,005
1	0,000	0,000	0,001	0,004	0,016	2,706	3,841	5,024	6,635	7,879
2	0,010	0,020	0,051	0,103	0,211	4,605	5,991	7,378	9,210	10,597
3	0,072	0,115	0,216	0,352	0,584	6,251	7,815	9,348	11,345	12,838
4	0,207	0,297	0,484	0,711	1,064	7,779	9,488	11,143	13,277	14,860
5	0,412	0,554	0,831	1,145	1,610	9,236	11,070	12,833	15,086	16,750
6	0,676	0,872	1,237	1,635	2,204	10,645	12,592	14,449	16,812	18,548
7	0,989	1,239	1,690	2,167	2,833	12,017	14,067	16,013	18,475	20,278
8	1,344	1,646	2,180	2,733	3,490	13,362	15,507	17,535	20,090	21,955
9	1,735	2,088	2,700	3,325	4,168	14,684	16,919	19,023	21,666	23,589
10	2,156	2,558	3,247	3,940	4,865	15,987	18,307	20,483	23,209	25,188
11	2,603	3,053	3,816	4,575	5,578	17,275	19,675	21,920	24,725	26,757
12	3,074	3,571	4,404	5,226	6,304	18,549	21,026	23,337	26,217	28,300
13	3,565	4,107	5,009	5,892	7,042	19,812	22,362	24,736	27,688	29,819
14	4,075	4,660	5,629	6,571	7,790	21,064	23,685	26,119	29,141	31,319
15	4,601	5,229	6,262	7,261	8,547	22,307	24,996	27,488	30,578	32,801
16	5,142	5,812	6,908	7,962	9,312	23,542	26,296	28,845	32,000	34,267
17	5,697	6,408	7,564	8,672	10,085	24,769	27,587	30,191	33,409	35,718
18	6,265	7,015	8,231	9,390	10,865	25,989	28,869	31,526	34,805	37,156
19	6,844	7,633	8,907	10,117	11,651	27,204	30,144	32,852	36,191	38,582
20	7,434	8,260	9,591	10,851	12,443	28,412	31,410	34,170	37,566	39,997

21	8,034	8,897	10,283	11,591	13,240	29,615	32,671	35,479	38,932	41,401
22	8,643	9,542	10,982	12,338	14,041	30,813	33,924	36,781	40,289	42,796
23	9,260	10,196	11,689	13,091	14,848	32,007	35,172	38,076	41,638	44,181
24	9,886	10,856	12,401	13,848	15,659	33,196	36,415	39,364	42,980	45,559
25	10,520	11,524	13,120	14,611	16,473	34,382	37,652	40,646	44,314	46,928
26	11,160	12,198	13,844	15,379	17,292	35,563	38,885	41,923	45,642	48,290
27	11,808	12,879	14,573	16,151	18,114	36,741	40,113	43,195	46,963	49,645
28	12,461	13,565	15,308	16,928	18,939	37,916	41,337	44,461	48,278	50,993
29	13,121	14,256	16,047	17,708	19,768	39,087	42,557	45,722	49,588	52,336
30	13,787	14,953	16,791	18,493	20,599	40,256	43,773	46,979	50,892	53,672
40	20,707	22,164	24,433	26,509	29,051	51,805	55,758	59,342	63,691	66,766
50	27,991	29,707	32,357	34,764	37,689	63,167	67,505	71,420	76,154	79,490
60	35,534	37,485	40,482	43,188	46,459	74,397	79,082	83,298	88,379	91,952
70	43,275	45,442	48,758	51,739	55,329	85,527	90,531	95,023	100,425	104,215
80	51,172	53,540	57,153	60,391	64,278	96,578	101,879	106,629	112,329	116,321
90	59,196	61,754	65,647	69,126	73,291	107,565	113,145	118,136	124,116	128,299
100	67,328	70,065	74,222	77,929	82,358	118,498	124,342	129,561	135,807	140,169

Impressão e acabamento
Gráfica da Editora Ciência Moderna Ltda.
Tel: (21) 2201-6662